Wa(h)re Freunde

Thomas Wanhoff

Wa(h)re Freunde

Wie sich unsere Beziehungen in sozialen Online-Netzwerken verändern

Autor:
Thomas Wanhoff. Zunächst PR-Beratung und dann langjährige journalistische Praxis in Tageszeitungen und Online-Redaktionen. Gründer des deutschen Podcastverbandes e.V. mit eigener Homepage (Wanhoffs Wunderbare Welt der Wissenschaft). Übersetzer von Blogging- und Podcastbücher. Produktmanager Multimedia Portal für Welt.de. 2006 Lehrtätigkeit an der FH Darmstadt im Studiengang Onlinejournalismus. Workshops in Thailand, Singapur, Kambodscha, Vietnam zu „Kollaboratives Arbeiten Online", „How to Twitter", „Podcasting 1x1".
E-Mail: wanhoffs.wissenschaft@gmail.com

Wichtiger Hinweis für den Benutzer

Bibliografische Information der Deutschen Nationalbibliothek
Die Deutsche Nationalbibliothek verzeichnet diese Publikation in der Deutschen Nationalbibliografie; detaillierte bibliografische Daten sind im Internet über http://dnb.d-nb.de abrufbar.

Springer ist ein Unternehmen von Springer Science+Business Media
springer.de

© Spektrum Akademischer Verlag Heidelberg 2011
Spektrum Akademischer Verlag ist ein Imprint von Springer

11   12   13   14   15   5   4   3   2   1

Planung und Lektorat: Dr. Ulrich G. Moltmann, Bettina Saglio
Copy-Editing: Regine Zimmerschied
Herstellung und Satz: Crest Premedia Solutions (P) Ltd, Pune, Maharashtra, India
Umschlaggestaltung: wsp design Werbeagentur GmbH, Heidelberg

ISBN 978-3-8274-2783-0

Gewidmet meinem Vater, der mich zum Schreiben gebracht hat

Inhalt

Geleitwort von Thomas Gronenthal

„False Friends" sind in den Sprachwissenschaften ein gängiger Begriff − dahinter verbergen sich Ausdrücke in einer Fremdsprache, die so richtig klingen und doch in der Anwendung ganz falsch sind. Eine ähnliche Dimension findet sich heute in sozialen Netzwerken. Freunde, Fans und Follower – dahinter verbergen sich Beziehungen, virtuelle und reale. Als eines der ersten dieser Art in Deutschland startete 2005 das studiVZ als Netzwerk unter Studenten – schnell lernten die Nutzer ein neues Statussymbol kennen: Den virtuellen Freundeskreis.

Seitdem ist schon wieder viel passiert – das studiVZ wurde zu einer ganzen VZ-Gruppe und steht mittlerweile in einem harten Wettbewerb zu Facebook. Der aktuelle Platzhirsch unter den Social Networks kommt aus den USA, ist eine Erfindung von Student Mark Zuckerberg und bindet User rund um die Erde ein. 600 Millionen Menschen vernetzten sich bis Januar 2011. Ganz politische Schlagzeilen sind mittlerweile mit Facebook verbunden und zeigen die Macht von Menschen, die sich zusammenfinden – auch virtuell. Die Abschaltung des Internets in Ägypten und anderen Ländern belegt, welche Position das Internet und seine sozialen Komponenten einnehmen. Montagsdemonstrationen und Mauerfall – heute wäre sicher das Internet mit seinen sozialen Komponenten an solchen Meilensteinen nicht ganz unschuldig.

Schnell wird dennoch deutlich, dass der virtuelle Freund zwei gänzlich verschiedene Modelle spiegelt – die „Ware Freund" einerseits und den „wahren Freund" auf der anderen Seite. Was steckt also hinter diesen Netzwerken wie Facebook, wer-kennt-wen oder Microblogging-Diensten wie Twitter bis hin zu einem Blog – dem Internet-Tagebuch? Das Web 2.0 war jahrelang ein Schlagwort, ein „Buzz-Word", wie es neudeutsch heißt. Mitmach-Internet wurde es auch genannt – und hier liegt der Kern der sozialen Netzwerke: Alle User sind gleich, Mensch, Institution und Unternehmen, Regierung und Volk treffen sich auf Augenhöhe.

Diese Augenhöhe kann schmerzhaft werden. Nestlé lernt plötzlich, Krisenkommunikation und -Entscheidungen zu treffen – ausgelöst durch eine Social Media-Kampagne von Greenpeace und vielen, vielen Menschen. Ein klug gedrehter, schockierender Film, über YouTube verbreitet, sorgte für heftigste Reaktionen in der Online-Welt und vor allem auf der Facebook-Fanpage des betroffenen Nestlé-Produkts „Kitkat". Eine neue, starke Öffentlichkeit zeigt ihre Macht. Es geht auch ganz anders: Die Deutsche Telekom nutzt seit 2010 Twitter im Kundensupport – und das ausnehmend erfolgreich. Sowohl das Team wie auch die Kunden freuen sich über die außergewöhnliche Serviceschnittstelle.

Bindeglied sind stets die Menschen – als Freund, Fan oder in der Twitter-Welt als Follower. Im Vergleich zu einer herkömmlichen Medienwelt hat sich die Relevanz verschoben. Relevant macht nicht mehr die Herkunft, der Verlag oder die Qualifikation – Relevanz wird durch die Zuhörerschaft verliehen. Ob in der Mode- oder Internetszene – längst haben Blog-Autoren den Status arrivierter Journalisten erreicht. Und auch dort finden wir die Freunde wieder – in Form von zahlreichen Kommentaren und Begleitern, die einen Blog abonnieren.

Mit den sozialen Netzwerken trat jedoch auch die Frage des Datenschutzes in das Leben der Menschen und Nutzer. Für Werbetreibende öffnen sich durch die Fülle an Informationen – wo gibt ein Konsument schon freiwillig seine Lieblingsmarken an außer bei Facebook – völlig neue Chancen. Und auch die Plattformbetreiber ziehen persönliche Informationen auf ihre Server. Von privaten Bildern bis zu sehr personengebundenen Informationen – wo endet die virtuelle Privatsphäre, was ist legitim, und was nicht. Auch Unternehmen stehen immer öfter vor der Herausforderung, die Beteiligung der Mitarbeiter zu überblicken oder – im besten Fall – klare Guidelines vorzugeben. So werden Grenzen aufgezeigt und Social Media-Portale zu einem integrativen Teil der Unternehmenskultur. Denn eines machen die Portale auch für Unternehmen möglich: Personen – die eigenen Mitarbeiter – verleihen eine neue Authentizität.

Zudem eignen sich die Möglichkeiten der neuen Medien – bei richtigem Einsatz – auch für das eigene Personenmarketing. Personalverantwortliche nutzen immer häufiger Suchmaschinen oder auch soziale Netzwerke, um sich ein Bild von Bewerbern zu machen – über Anschreiben und Lebenslauf hinaus.

Für Einsteiger wie auch fortgeschrittene Anwender baut Thomas Wanhoff mit *Wa(h)re Freunde* ein Portal in die Materie. Sowohl Anfänger in der Welt der Social Networks wie auch Profis finden sich schnell zurecht innerhalb der verschiedenen Aspekte der „Ware Freund" und dem „wahren Freund". Von der reinen Begriffsbestimmung – denn noch immer herrscht Unklarheit über das Vokabular der neuen Medien – bis zu Hintergründen und den Chancen und Risiken werden die wesentlichen Aspekte umfassend beleuchtet. Und erstmals gibt ein Autor zudem zu bedenken, was den persönlichen „Social Graph" – sozusagen das Online-Ich mit Text und Bild – ausmacht. Hierbei kommt sowohl die Sicht von Unternehmen wie auch von privaten Personen zur Sprache – eine wichtige und wertvolle Orientierungshilfe bei der eigenen Nutzung von Facebook & Co.

Wer Wanhoffs *Wa(h)re Freunde* liest, kann anschließend in den Diskussionen zum Thema mitreden. Auch das heiße Thema des Datenschutzes wird umfassend beschrieben – das Recht am Bild, was Nutzer schon bei Facebook abgeben und ebenso das hartnäckige Gedächtnis des Internets.

Im Rahmen des Social Media Executive Clubs, der regelmäßig durch das Deutsche Social Media Forum der Software-Initiative Deutschland gemeinsam mit dem Fraunhofer FIT und der Hochschule Bonn-Rhein-Sieg in wechselnden Städten Deutschlands stattfindet, stellten wir oft fest: Es fehlt ein Standardwerk, in dem alle Interessierten Antworten finden können. Ab sofort empfehlen wir den WANHOFF, der alle Ansprüche für den Einstieg erfüllt – für generelle Interessenten wie auch für Marketing-Verantwortliche oder Menschen, die ihren „Social Graph" nach oben bringen wollen.

Das Netz vergisst nie, das Netz ist 24 Stunden am Tag geöffnet. Selbst wer meint, dezente Zurückhaltung wäre das Optimum, wird möglicherweise schon längst in den Netzwerken besprochen. Es ist also an der Zeit, sich mit dem Thema zu beschäftigen: Dafür ist dieses Buch genau die richtige Lektüre!

Thomas Gronenthal

Vorsitzender Deutsches Social Media Forum in der Software-Initiative Deutschland e.V.

Vorwort

Ich habe die Gnade der frühen Geburt, was mich zu einem Digitial Immigrant macht. Das sind jene Leute, die sich noch an eine Zeit ohne Internet erinnern können. Diese Erinnerungen und der immer größer werdende soziale Druck, sich doch bitte per sozialem Netzwerk zu verbinden, ließen bei mir die die Idee zu diesem Buch aufkommen. Wie war das damals, als es noch kein Facebook und Instant Messenging gab? Wie habe ich mit meinen Freunden kommuniziert? Hatte ich mehr oder weniger Freunde? Was haben die gewusst über mich?

Die Entwicklung des Internets habe ich von den ersten Tagen bei Compuserve bis heute sehr aufmerksam und mit Enthusiasmus verfolgt. Ob Chatroom oder der erste Netscape-Browser, meine erste eigene Website oder Ausflüge in die virtuelle Welt von Second Life: Ausprobiert habe ich fast alles. Manches gefiel und gefällt mir, anderes braucht meiner Meinung nach kein Mensch.

Ich halte das Internet per se aber für eine der größten Erfindungen der Menschheit. Dennoch sehe ich auch die Herausforderungen, nämlich die Verantwortung des Einzelnen für seine Daten und Online-Aktivitäten.

Ich habe dieses Buch geschrieben, weil ich ein wenig das Bewusstsein wecken möchte für den Umgang mit unserem Social Graph, also jenen personenbezogenen Daten, die wir veröffentlichen. Ich denke, wir brauchen keine Gesetze dafür, sondern nur unseren Verstand. Der wird gerne von Politikern unterschätzt. Wenn wir uns bewusst darüber sind, dass alles, was wir veröffentlichen, lange lange Zeit im Internet gespeichert wird, dann können wir Risiken verringern und Chancen besser nutzen.

Ich bin weder ein Facebook-Hasser noch ein übergroßer Fan. Ich nutze Facebook mehr als meinVZ, weil es international ist. Ich nutze es vor allem wegen seiner unglaublichen Vorteile, wenn man sich vernetzt. Aber ich schaue auch nach neuen Ideen, wie Diaspora, ein Netzwerk, das dezentral ist und in dem der Nutzer seine Daten auf seinem PC speichern kann.

Mir machen soziale Netzwerke großen Spaß, und ich habe dort wahre Freunde gefunden, aber ich weiß eben auch, wie schnell daraus eine Ware werden kann, wenn das Profil zur virtuellen Währung wird. Mir dessen bewusst, können die meisten Mitteilungen nur meine Freunde lesen, und selbst da selektiere ich mittlerweile mit Listen.

Als der Spektrum Verlag mit der Idee zu einem Buch über Netzwerke auf mich zukam, fühlte ich mich geehrt und gleichzeitig ein wenig überfordert. Was war noch nicht geschrieben zu dem Thema? Die Beziehungen sind es, die den Erfolg der sozialen Online-Netzwerke ausmachen, und deshalb wollte ich das genauer untersuchen.

Mein herzlicher Dank geht an den Spektrum-Programmplaner Ulrich G. Moltmann, der am Anfang der Geschichte dieses Buches steht, an meine Lektorin und Betreuerin

Bettina Saglio, die aus meinem Word-Dokument ein satzfertiges Manuskript gemacht hat und mich hervorragend unterstützt hat, an die Redakteurin Regine Zimmerschied für die vielen notwendigen Korrekturen und natürlich an den Spektrum Verlag für die Veröffentlichung des Buches. Außerdem möchte ich meinen vielen virtuellen und realen Freunden danken, vor allem jenen in Vietnam, Kambodscha und Laos, die mir immer wieder eine Inspiration waren. Bleibt noch der Dank an meine wunderbare Frau Nataly, die Geduld mit mir hatte und mir die Zeit gab, dieses Buch zu schreiben.

Vientiane, Laos, Dezember 2010

1 Einführung

Früher hat es Jahre gedauert, bis man – wenn überhaupt – einen Film über einen Firmengründer drehte. Er musste schon eine Menge verändert haben, um in Hollywood ein Denkmal zu setzen. Heute dauert es knappe drei Jahre und bereits 2010 gab es einen Film über Mark Zuckerberg und seine Firma Facebook. Ist das schnelles Geld, bevor der Hype wieder aufhört? Immerhin hat Facebook 500 Millionen Mitglieder, und das weltweit. Einen gewissen Einfluss hat er also.

Soziale Netzwerke scheinen sich zum Internet im Internet zu entwickeln. Sie integrieren E-Mails, Fotos, Videos, Spiele – alles was wir sonst im World Wide Web gemacht haben, können wir auch im sozialen Online-Netzwerk tun. Mit zwei wichtigen Unterschieden: Während das Internet (weitgehend) anonym ist, sind Netzwerke personalisiert. Und während das Internet offen ist, sind Netzwerke geschlossene Systeme.

Wie gehen wir damit um, dass wir Informationen nicht nur konsumieren, sondern auch zunehmend bereitstellen und uns selbst öffentlich machen? Welcher Art sind die Freundschaften und Beziehungen, die wir in sozialen Netzwerken eingehen?

Dieses Buch will versuchen, Antworten darauf zu geben. Es ist kein Handbuch zur Bedienung sozialer Netzwerke. Es ist auch kein abschließender Bericht, denn zu schnell entwickeln sich sowohl die bestehenden Netzwerke als auch neue Angebote. Alles ist im Fluss, und so ist dieses Buch nur eine Momentaufnahme des Jahres 2010. Ich möchte Ihnen die verschiedenen Aspekte sozialer Online-Netzwerke aufzeigen und Ihnen verraten, wie Sie diese für sich nützlich machen können. Der Schwerpunkt liegt dabei auf der Interaktion und Relation mit und zu anderen Mitgliedern – das Herzstück eines sozialen Online-Netzwerks. Es sind nicht die Mitglieder, die es ausmachen, sondern ihre Beziehungen untereinander. Das Buch richtet sich an den durchschnittlichen Internetnutzer, nicht an Social-Media-Experten. Leser, die schon einen Zugang zu einem sozialen Online-Netzwerk haben, aber ihn eben „nur so" nutzen, werden in diesem Buch mehr über Chancen und Risiken dieser neuen Welt erfahren.

Das Wortspiel im Titel soll Ihnen aber auch zeigen, dass der Spruch, beim Geld höre die Freundschaft auf, nicht mehr zu gelten scheint. Denn alle sozialen Netzwerke gehören Unternehmen, die damit Geld verdienen. Die neue Währung der Werbewelt sind nicht Auflage und Reichweite, sondern Profile und die Beziehungen zwischen diesen Profilen. Oder noch deutlicher: Es geht um Sie und Ihre Freunde. Das Wissen um Ihr Tun macht es möglich, Ihnen personalisierte Werbung zukommen zu lassen. Aufgrund der demografischen Daten in den Netzwerken können Werbetreibende auf die Konsumenten maßgeschneiderte Kampagnen entwickeln. Und schließlich werden Sie selbst zum Instrument, wenn Sie Ihren

Freunden Produkte oder die Fanseiten bestimmter Unternehmen empfehlen.

Der Freundschaftsbegriff ist im Wandel, von seiner ursprünglichen Bedeutung einer festen, emotionalen und fast unerschütterlichen Verbindung zum flüchtigen, banalen Kontakt. Ich möchte in diesem Buch die verschiedenen Aspekte sozialer Online-Netzwerke im Licht dieses sich verändernden Freundschaftsbegriffs darstellen und bisweilen auch bewerten.

Zunächst möchte ich Ihnen die wichtigsten Netzwerke vorstellen, danach über Freundschaften im Allgemeinen und solche in Netzwerken im Besonderen sprechen. Kapitel 2 behandelt den Umgang mit Ihren Daten. Schließlich gehe ich auf die zwei wesentlichen Bereiche von Facebook, studiVZ und Co. ein: Unterhaltung und Geschäftliches. Wie können Sie sich unterhalten (lassen) und wie können Sie Netzwerke für geschäftliche Dinge benutzen? In Kapitel 6 „Abhängigkeiten in sozialen Netzwerken" gehe ich kurz auf das Problem von Abhängigkeiten sowie auf lokale soziale Netzwerke ein. Im letzten Kapitel werfe ich einen Blick über den Tellerrand in andere Länder und Kulturen und schließlich wage ich einen Ausblick auf die Zukunft von Netzwerken und unsere Rolle darin.

Der große Paradigmenwechsel

Die US-Zeitschrift *Wired* gilt eigentlich als Barometer für Trends in Technologie und Internet. Die Autoren, bestens vernetzt in der Informationstechnologie-Szene, wissen manchmal Jahre vor uns, was das nächste große Ding sein wird. Umso überraschender war es, als sie im Spätsommer 2010 das Internet für tot erklärten. Ihre These: Mobile Geräte wie Telefone und Tablet-PCs benutzen immer weniger den Browser (also Internet Explorer, Firefox, Safari etc.), um Informationen aus dem Internet anzuzeigen, als vielmehr kleine Programme, sogenannte Apps (engl. *applications*). Dies hat Folgen für die Offenheit des Systems, aber auch für Verlinkungen und der Art und Weise, wie wir Informationen konsumieren. Statt von einer Seite zur nächsten zu springen, sind wir quasi gefangen in der Welt des jeweiligen App-Anbieters. Ein Beispiel: Ich lese die Nachrichten in der Applikation der *Welt* und komme so gar nicht in Versuchung, parallel eine andere Webseite aufzumachen.

Es gibt aber noch einen weiteren Grund, das Internet, wie wir es kennen, zumindest als kränkelnd zu bezeichnen: soziale Netzwerke. Auch hier befinden wir uns in einem geschlossenen System, in dem wir chatten, Nachrichten auf den jeweiligen Fanpages der Zeitungen lesen, Messages statt E-Mails schreiben und Farmville spielen.

Eine Studie der Agentur TNS, veröffentlicht im Oktober 2010, zeigte diesen weltweiten Trend auf. Die Social-Media-Profis fanden heraus, dass zwar der prozentuale Anteil der sozialen Netzwerke an unserer Gesamtaktivität noch hinter dem der E-Mail liegt, wenn es aber um die verbrachte Zeit geht, liegen diese schon vorn.

Sieht man sich die Verteilung nach Ländern an, liegen die neuen Märkte ganz vorn: Südamerika, Mittlerer Osten und Asien. Hier verbringen Nutzer im Schnitt 5,2 Stunden in sozialen Netzen und vier Stunden mit E-Mails. An der Spitze stehen hier übrigens Malaysia, Russland und die

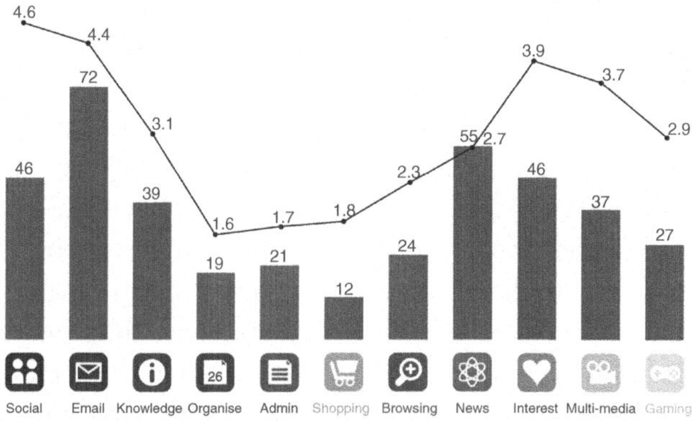

Abb. 1.1 Die Grafik zeigt, welche Internetaktivitäten welchen Anteil an der Gesamtnutzung haben und wie viel Zeit wir aufwenden. Wir nutzen E-Mails zwar (noch) öfter, verbringen aber schon jetzt mehr Zeit mit sozialen Netzwerken. Abdruck mit freundlicher Genehmigung.

Türkei.[1] Noch deutlicher ist dies bei Nutzern von mobilen Geräten: Hier werden Netzwerke 3,1 Stunden genutzt, während es bei E-Mails nur noch 2,2 Stunden sind. Mit den sozialen Netzwerken schreitet die Globalisierung noch weiter voran, ohne aber Ländergrenzen und Kulturen wirklich obsolet zu machen. Wir fliehen nicht virtuell in andere

---

[1] Eine kleine Anmerkung zum Thema Bloggen: Während in Deutschland Blogs und Social Media als wichtiges Instrument der Meinungsfreiheit gelten, aber nur 48 Prozent jemals Fotos hochgeladen haben, sagen 88 Prozent in China, sie haben schon Blogbeiträge oder Forumseinträge geschrieben.

Länder, nur weil das technisch möglich ist. Aber wenn wir Kontakte knüpfen wollen, ist das heute einfacher als je zuvor. Ich erinnere mich noch an die Zeit, als es en vogue war, einen Brieffreund in Afrika zu haben (das war weit vor der Nigeria-Connection). Man konnte sein Englisch verbessern und lernte über die Kultur des jeweils anderen. Und beide konnten sich mit einem „exotischen" Freund schmücken. Heute ist dieser Brieffreund einen Mausklick weit weg, und ich kann ihn per Skype-Video anrufen und sogar sehen.

Die Facebookmacher haben das schon lange kommen sehen und jahrelang am Projekt „Titan" gearbeitet. Dahinter verbirgt sich der Dienst Facebook Messages, der erstmals im November 2010 vorgestellt wurde. Er integriert E-Mail und SMS in den Nachrichtendienst. Der Benutzer sieht gar nicht – zumindest optisch –, ob es sich um eine SMS oder eine Facebook-Nachricht handelt. Zwar will man beim Marktführer nicht die E-Mail bekämpfen, aber der Tatsache Rechnung tragen, dass vor allem junge Menschen immer weniger E-Mails benutzen. Und weil in Amerika, aber auch in Teilen Asiens Sofortnachrichten-Chats so populär sind, ist diese Funktion auch integriert. Es gibt bei Facebook nur noch Nachrichten, gleich, über welchen Kanal sie kommen und mit welcher Technologie sie erstellt wurden. Das ist natürlich nicht ganz unproblematisch: Wollen wir alle unsere Korrespondenz bei diesem Unternehmen lagern? Vorteile hat es aber auch: Wenn nur Freunde mir eine Nachricht schreiben können, dann ist der Anteil unerwünschter Werbung fast null.

Wird die Freundschaft dadurch besser? Ist Briefeschreiben eindringlicher, überlegter, bedeutungsvoller als ein lässig ins Chatfenster getipptes „How R U?".

Begriffsdefinitionen für dieses Buch

Es ist immer gut zu wissen, wovon man spricht. Dazu gehört, dass man sich darüber verständigt, welche Begriffe wie zu verwenden sind. An Definitionen von sozialen Netzwerken haben Generationen von Studenten, Doktoranden und Professoren gearbeitet, und es liegt in der Natur der Sozialwissenschaften, dass man sich um Definitionen streitet. Es gibt eine Geschichte, die in die 1960er Jahre zurückreicht. J. Clyde Mitchell gilt als der prominenteste Soziologe, der Netzwerke von Bevölkerungsgruppen eingehend untersucht hat und den Begriff „soziales Netzwerk" präzisierte. Seine Arbeit *Social Networks in Urban Situations: Analyses of Personal Relationships in Central African Towns* gilt als Basis und Begriffsdefinition weiterer Aufsätze und Untersuchungen

In dem vorliegenden Buch möchte ich weniger der wissenschaftlichen Frage nachgehen, wie man soziale Netzwerke definiert, sondern welche Wirkungen sie auf unsere Beziehungen haben. Dennoch ist es hilfreich klarzustellen, welche Begrifflichkeiten in diesem Buch verwendet werden.

Was ist ein soziales Netzwerk?

Mitchell und andere haben den Begriff „soziales Netzwerk" in der Regel für lose Zusammenschlüsse von Zuwanderern und die damit verbundene Selbstorganisation verwendet. Er beschreibt das Bild eines „Netzwerks sozialer Beziehungen" als einen Komplex von Verbindungen in sozialen Systemen. Das Wort Netzwerk impliziert ja schon ein Bild, man denkt an ein Spinnennetz, an ein Gebilde,

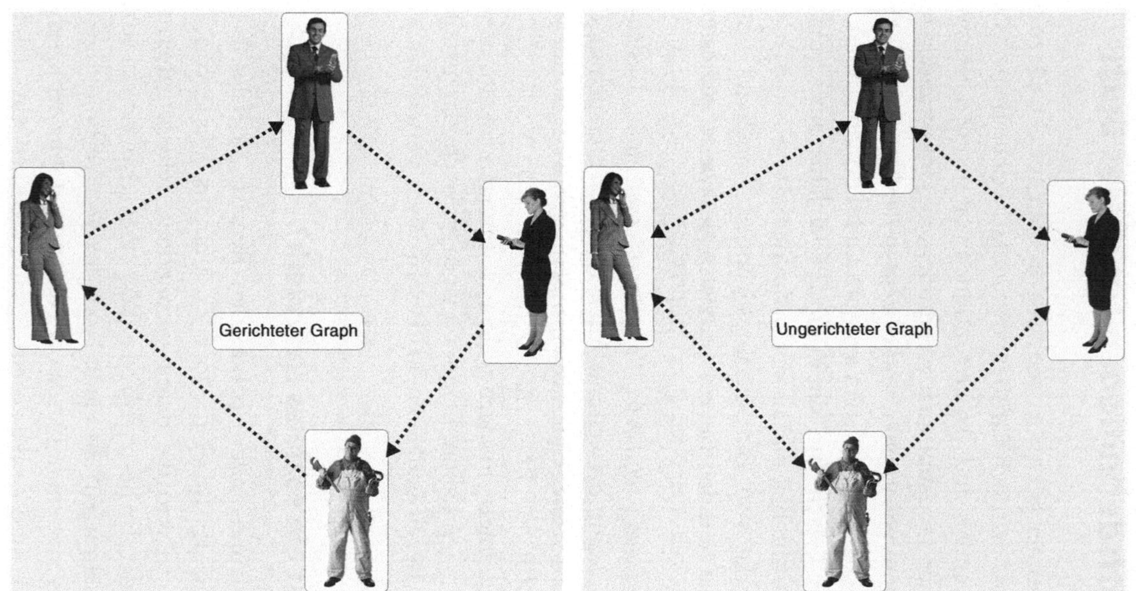

Abb. 1.2   Gerichteter Graph und Netzwerk.

in dem es beliebig viele Verbindungen zwischen beliebig vielen Punkten gibt. Dies allein aber reicht noch nicht. Was es interessant macht, ist die Qualität der Verbindungen. „Ein Netzwerk in der Graphentheorie ist eine Beziehung, in der die Linien, die Punkte verbinden, einen Wert zugeschrieben bekommen, der numerisch sein kann oder auch nicht."[2] Der Digraph oder gerichtete Graph hingegen beschreibt ebenfalls netzartige Verbindungen, allerdings nur in eine Richtung.

Letztlich kommt es auf den Grad der Verflechtung an. Dabei sind auch Grenzen zu ziehen. Während die Mathematik solche Graphen unendlich groß machen kann, würde dies in der Soziologie zu unüberschaubaren Größen führen.

Fred E. Katz benennt ein Netzwerk[3] als eine Menge von Personen, die sich miteinander verbinden können, und Kontakte als die Individuen, die ein Netzwerk beinhaltet.

Mitchell beschreibt die äußeren Eigenschaften von Netzwerken anhand von vier Variablen: Verankerung, Intensität, Erreichbarkeit und Reichweite. Qualitativ werden die Beziehungen beschrieben durch Inhalt, Gerichtetheit, Haltbarkeit, Intensität und Häufigkeit.

Die **Verankerung** ist interessant, wenn man sich fragt, wo das Individuum im Netzwerk seine Position hat. Die **Intensität** gibt an, wie stark diese Position ist. **Erreichbarkeit** bedeutet, wie sehr eine Person durch seine Konnektivität im Netzwerk beeinflusst. Die **Reichweite** wiederum

---

[2] Clyde Mitchell (1969): *Social Networks in Urban Situations: Analyses of Personal Relationships in Central African Towns.* Manchester: University Press, S. 3.
[3] Fred E. Katz (1966): *Social Participation and Social Structure.* (Abstract, State University of New York).

gibt an, wie viele der möglichen Verbindungen tatsächlich existieren.

Als Beispiel sei das Online-Netzwerk XING genannt, das mir, dem Nutzer, angibt, welchen Grades eine Beziehung ist und wie viele Beziehungen welchen Grades ich habe. Sagen wir, ich habe 100 Kontakte, dann haben diese Kontakte wiederum x weitere Kontakte, mit denen ich aber nicht zwangsläufig verbunden bin. Die Zahl 100^x gibt also lediglich die Erreichbarkeit an, nicht aber die Reichweite. In diesem Beispiel beträgt sie 100.

Der **Inhalt** wird definiert als das, was eine Person in ein Netzwerk einbringt: seine Fähigkeiten, seine Vernetzung, ein Freund in der Not zu sein oder Geschäftspartnern wertvolle Hinweise geben zu können.

Bei der **Gerichtetheit** geht es um die Richtung einer Beziehung, oder besser einer Beziehungskommunikation. Ist die Verknüpfung eine Einbahnstraße oder profitieren beide Partner von der Vernetzung? Als Beispiel seien die Fanpages vieler Musikstars genannt. Diese haben zwar bei Facebook viele Freunde, können aber schon wegen der Masse der Kommentare nicht auf jeden einzelnen Beitrag eingehen. In der Regel sind solche Verbindungen auch nicht so haltbar wie zwischen Verwandten oder engen Freunden. Die **Haltbarkeit** ist aber ein wichtiges Indiz für die Qualität von Beziehungen. In sozialen Netzwerken werden oft aufgrund aktueller Anlässe Gruppen gegründet, die schnell auf mehrere Hundert oder Tausend Anhänger wachsen. Lässt die meist mediale Aufmerksamkeit nach, verschwindet nach und nach die Festigkeit innerhalb der Gruppe und damit auch die Haltbarkeit der damit verbundenen Beziehungen.

Etwas schwierig objektiv einzuordnen ist die **Intensität** oder Festigkeit von Beziehungen. In soziologischen Beobachtungen überschaubarer Bevölkerungsgruppen kann der Forscher noch selbst einschätzen, wie intensiv z. B. die Beziehungen zwischen Einwanderern, die aus der gleichen Region stammen, im Vergleich zur Gesamtheit der untersuchten Einwanderergruppe sind. Dabei ist vor allem Feldarbeit gefragt, persönliche Interviews, Umfragen.

Die **Häufigkeit** oder Frequenz gibt schließlich an, wie oft sich eine Person in einem Netzwerk zu Wort meldet oder agiert. Sie ist aber auch Kennzahl für die Lebendigkeit eines Netzwerks an sich. Für die Dauerhaftigkeit und Langlebigkeit eines Online-Netzwerks ist das eine der wichtigsten Zahlen. Erst wenn genügend Nutzer häufig genug aktiv sind, kann sich eine nachhaltige Basis bilden, und das Netzwerk wächst.

Die aus der Soziologie stammenden Begriffsdefinitionen sollen im Folgenden als Hilfe dienen, soziale Online-Netzwerke einzuschätzen und zu bewerten. Gerade die Kennziffern für äußere und innere Merkmale sind meines Erachtens eine gute Grundlage.

Im Grunde genommen haben wir soziale Netzwerke gebildet, seit wir uns zu Gruppen zusammengeschlossen haben. Das Jagen in der Gruppe ist die früheste Aktivität in einem – sehr einfachen – Netzwerk. Aber es ist ein sehr gutes Schaubild: Ein Netzwerk bietet Vorteile für den Einzelnen (gemeinsames Jagen spart Kraft und erhöht die Wahrscheinlichkeit, Beute zu machen), aber vor allem entwickelt sich dadurch die Fähigkeit, selbst einzuschätzen, welches Risiko besteht. Denn im genannten Beispiel bedeutet die Gruppe auch, dass die Beute zu teilen ist. Dies kann zu

Konflikten führen, wenn es um die Frage geht, ob der beste
Jäger oder der mit den meisten Kindern den Löwenanteil
bekommt oder ob alles gleich verteilt wird. In Kapitel 2
(Abschnitt „Die dunkle Seite der Macht des Schwarms")
gehe ich auf diesen Aspekt noch genauer ein.

Was ist ein soziales Online-Netzwerk?

Da es soziale Online-Netzwerke noch nicht wirklich lange
gibt, ist hier die Forschungslage auch dünner als bei sozialen Netzwerken an sich. Und selbst diese ignoriere ich
einmal, um eine Definition zu wählen, die von den Betroffenen selbst formuliert wurde:

> Soziale Netzwerke im Sinne der Informatik sind Netzge-
> meinschaften bzw. Webdienste, die Netzgemeinschaften
> beherbergen. Handelt es sich um Netzwerke, bei denen
> die Benutzer gemeinsam eigene Inhalte erstellen (User
> Generated Content), bezeichnet man diese auch als sozia-
> le Medien.

So beschreibt die Online-Enzyklopädie Wikipedia[4] den Begriff. Und die muss es wissen, gilt sie doch ebenfalls als
ein großes, internetbasiertes Netzwerk von Autoren. Wie
schwer es ist, den Begriff zu fassen, macht übrigens die
Diskussionsseite des Artikels deutlich (http://de.wikipedia.
org/wiki/Diskussion:Soziales_Netzwerk_(Internet)).
  Kennzeichnend für diese Kontaktnetzwerke sind bestimmte Funktionen, die das Vernetzen erst möglich machen:

---

[4] http://de.wikipedia.org/wiki/Soziales_Netzwerk_(Internet).

Profil: Der Nutzer gibt Daten über sich an das Netzwerk, beispielsweise seinen Namen (oder ein Pseudonym), Alter, Beruf und Herkunft.

Adressbücher: Mit ihnen kann der Nutzer seine Kontakte verwalten. Je nach Portal sind diese Kontaktlisten mehr oder weniger einfach zu bedienen.

Nachrichtendienste: In den meisten sozialen Online-Netzwerken besteht die Möglichkeit für Nutzer, sich gegenseitig Nachrichten zu schicken.

Öffentliche Informationen: Damit ein Netzwerk wachsen kann, benötigt es ständig neue Nutzer und Verbindungen. Diese können z. B. generiert werden, indem bestehende Nutzer Informationen veröffentlichen, die dann wiederum per Suchmaschinen neue Nutzer generieren oder aber neue Verbindungen schaffen (wer etwa in einem öffentlichen Profil schreibt, er gehe zu einem Rockkonzert, kann per Suchfunktion andere Nutzer finden, die auch zu diesem Konzert gehen). Gerade die neuen standortgebundenen Angebote (Location Based Services) lassen diese Funktionen noch bedeutender werden.

Die deutsche Sprache bietet uns gleich mehrere Möglichkeiten an, soziale Netzwerke ins Internetzeitalter zu übertragen: sozialer Netzwerkdienst (analog dem englischen Social Network Service) oder digitale soziale Netzwerke. Ich persönliche finde den Begriff „soziale Online-Netzwerke" am anschaulichsten und werde diesen im Folgenden benutzen[5]. Den Begriff „Social Media" verwende ich als gene-

---

[5] Bisweilen werde ich der Kürze halber auch nur soziales Netzwerk sagen, meine aber in der Regel das virtuelle.

rellen Überbegriff für partizipatorische Internetangebote wie den Fotodienst Flickr.com oder den Kurznachrichtendienst Twitter.

Was sind Online-Communitys?

Wenn heute von Online-Communitys gesprochen wird, setzt man diese oft gleich mit sozialen Online-Netzwerken. Tatsächlich lassen sich letztere als solche bezeichnen. Gleichwohl geht der Begriff der Communitys darüber hinaus.

Geprägt wurde er von Howard Rheingold[6], der in seinem Buch *The Virtual Community* virtuelle Gemeinschaften wie den Debattierclub „The Well" beschreibt. „The Well" wurde 1985 in San Francisco ins Leben gerufen und gilt als eine der ersten virtuellen Gemeinschaften, wenn man einmal von den frühen Mailinglisten und Boards absieht. Rheingold erklärt gleich zu Beginn seines Buches die Faszination von solchen Gemeinschaften, die durch die technische Ausstattung als online-basierter Dienst 24 Stunden erreichbar sind.

Im Sommer 1996 hatte sich meine damals 10 Jahre alte Tochter eine Zecke gefangen. Da war also so ein Blutsauger am Kopf meiner Tochter, und meine Frau und ich wussten nicht wirklich, was wir tun sollten und wie wir ihn loswerden sollten. Meine Frau Judy rief den Kinderarzt an. Es war 11 Uhr abends. Ich loggte mich in The Well ein. Ich bekam meine Antwort innerhalb von Minuten von

---

[6] Howard Rheingold (1993): *The Virtual Community*. Online-Ausgabe http://www.rheingold.com/vc/book/intro.html.

einem anderen User namens Flash Gordon M. D. Ich hatte die Zecke draußen, bevor der Kinderarzt zurückrief.

Was Rheingold beeindruckte, war die Geschwindigkeit, mit der er eine Antwort bekam. **Geschwindigkeit** ist auch heute noch ein wichtiges Kriterium in Communitys. Am Anfang waren solche virtuelle Gemeinschaften noch etwas für Computerbastler, bald aber entwickelten sich daraus Foren. Und diese sind heute noch für viele Menschen eine erste Anlaufstelle, wenn es um spezielle Fragen geht. Etwas ironisch ausgedrückt: Wer mit seinem Windows-Computer ein Problem hat, wird in einem Windows-Forum Hilfe finden. In einem sozialen Netzwerk wird man ihm eher raten, sich einen Apple-Rechner zuzulegen.

Die historische und technische Entwicklung von Nachrichten-Pinnwänden über Foren hin zu sozialen Online-Netzwerken machen eine inhaltliche Abgrenzung schwierig. So bilden Foren noch immer mächtige Communitys, werden aber nicht als soziales Online-Netzwerk betrachtet. Im Folgenden möchte ich mich auf die „klassischen" sozialen Online-Netzwerke beziehen, werde aber immer wieder auf andere Communitys zurückkommen. Letztlich sind Facebook und Co. Foren, die technisch weiterentwickelt wurden und mit den Mitteln des Web 2.0 aufgehübscht wurden. Ein großer Unterschied ist dabei, dass Foren in der Regel thematisch determiniert sind, während die meisten sozialen Netzwerke offen sind und den Nutzer im Mittelpunkt sehen (Ausnahmen sind z. B. Studenten- oder Seniorennetzwerke).

Ich selbst kann mich noch daran erinnern, wie im Hochtaunuskreis eine Firma das erste Diskussionsboard ins damals noch nicht mit einer grafischen Oberfläche versehene Internet stellte und wir eine Handvoll Nutzer waren, die Hardware-Komponenten tauschten. Daraus entwickelte sich später ein Portal für den ganzen Landkreis.[7]

Bisweilen werden Foren auch nur als ein Element einer Community angesehen (Abb. 1.3): Das Portal bietet ein Schwarzes Brett, Marktplätze und einen Chat als interaktive Elemente für Nutzer. Wikipedia[8] definiert eine Online-Community wie folgt:

> Eine Online-Community (Netzgemeinschaft) ist eine Sonderform der Gemeinschaft; hier von Menschen, die einander via Internet begegnen und sich dort austauschen.

Die Dominanz der großen Netzwerke wie Facebook und studiVZ lassen ein wenig die vielen kleinen Gemeinschaften vergessen, die nach wie vor existieren und sich großer Beliebtheit erfreuen. Bei Google ergibt die Suche nach „Opel Forum" 8,3 Millionen Treffer, Facebook listet 21 000 Treffer, allerdings befinden sich darunter einige Nutzer, die den Nachnamen Opel tragen. Die offizielle Opel-Fanpage bei Facebook zählt knapp 30 000 Fans. Während bei Facebook die Fans vor allem kurze Statements und Fotos hochladen, finden sich allein im OpelGT-Forum (www.opelgt.com) eine Vielzahl von sehr speziellen Anfragen nach Ersatzteilen oder welchen Motor man in ein Chassis von 1969 einbauen kann.

---

[7] Heute nur noch erreichbar über die Wayback Machine http://web.archive.org/web/19980704070637/http://www.hochtaunus.net/.
[8] http://de.wikipedia.org/wiki/Online-Community.

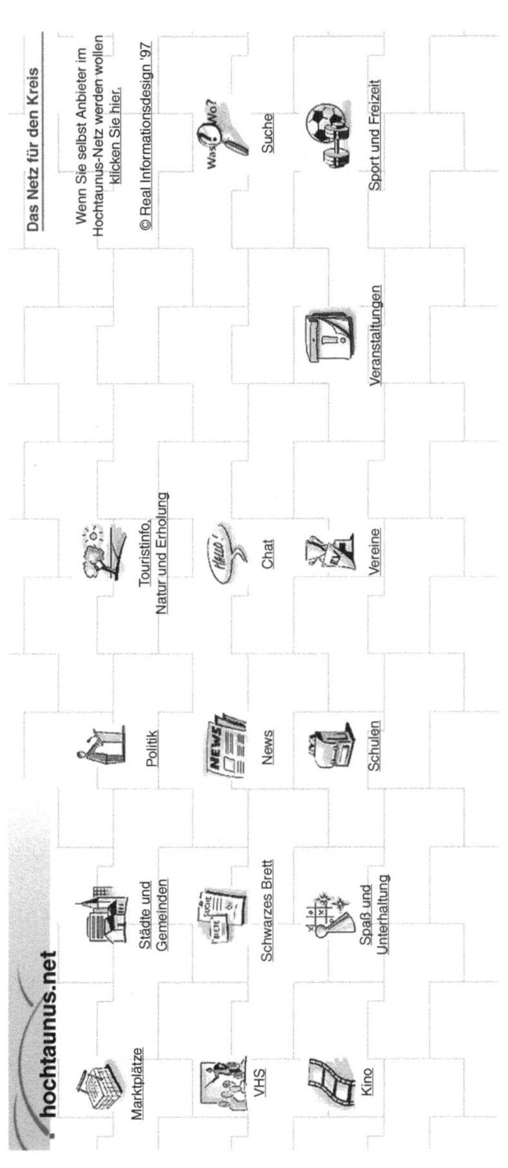

Abb. 1.3 Portal für den Hochtaunuskreis 1997. Aus solchen Portalen bildeten sich später einige Communitys. Abdruck mit freundlicher Genehmigung.

Die großen sozialen Online-Netzwerke

Es scheint eine Konzentrierung bei den Online-Netzwerken zu geben, deren Grund zum einen im Wettlauf um die meisten Nutzer liegt und zum anderen in der Globalisierung und der Attraktivität von Marken. So hatte Yahoo in Vietnam eigentlich eine unverrückbare Marktposition, bis sich der lokale Dienst Zing.vn und Facebook aufmachten, um die Internetsurfer zu kämpfen. Beide geben mittlerweile an, eine Million User zu haben, während Yahoo mittlerweile um jeden Blogger kämpft. In Thailand und Kambodscha war der Dienst Hi5 bislang unangefochten an der Spitze, aber auch hier erliegt man der Attraktivität der großen Marke Facebook. Das Google-Netzwerk Orkut führt ebenfalls nur noch ein Schattendasein – außer in Brasilien.

Der Primus: Facebook

Mark Zuckerberg hatte 2004 die Idee, eine Online-Ausgabe eines Jahrbuchs der Harvard-Universität herauszugeben. Studenten sollten dort Profile erstellen und sich gegenseitig Nachrichten schicken können. Gemeinsam mit Eduardo Saverin, Dustin Moskovitz und Chris Hughes entwickelte er Facebook. Mit dem Erfolg kam das Wachstum, aus einer Universität wurden viele, aus einem Studentennetzwerk eine Plattform für jedermann. Heute zählt Facebook etwa 500 Millionen Teilnehmer. Seit 2008 gibt es Lokalisierungen, unter anderem auch in Deutsch. Nach eigener Aussage sind 50 Prozent der Nutzer jeden Tag aktiv, und jeder erstellt 90 „Stücke" Inhalt, also Fotos, Links, Beiträge etc.

Die Grundausstattung eines Facebook-Profils sind persönliche Angaben („Info"), eine „Wall" (Pinnwand) für den Aus-

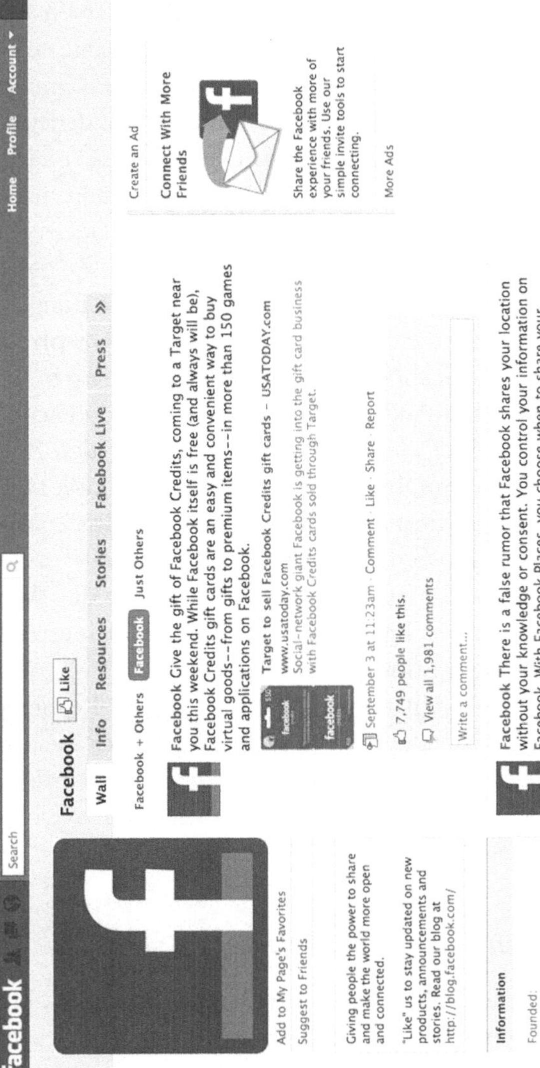

Abb. 1.4   Die eigene Seite von Facebook mit neuesten Nachrichten.

tausch von öffentlichen Nachrichten, eine Nachrichtenbox
für private Nachrichten und Fotoalben. 2007 kamen Applikationen von Drittanbietern hinzu, deren bekannteste wohl
das Spiel Farmville sein dürfte. Mit den kleinen Programmen
kam ein Paradigmenwechsel vom reinen Freundenetzwerk
zum umfassenden Portal. Mit dem Dienst Connect verband
sich Facebook 2008 mit anderen Diensten. So kann man mit
der einmaligen Anmeldung bei Facebook auf andere Seiten
zugreifen, ohne sich erneut anmelden zu müssen. Zu den Anbietern gehören Yahoo, Lufthansa oder die Bildzeitung.

Eine Weiterentwicklung war der **Social Graph**, eine
Schnittstelle zu Facebook. Wer ein eigenes Weblog betreibt,
kann z. B. die Like- oder Gefällt-mir-Buttons von Facebook
in seinen Blog integrieren. Nutzer klicken auf den Button
und teilen dies dann ihren Freunden auf Facebook mit.

Facebook generiert seine Einnahmen aus Risikokapital
(etwa 740 Millionen US-Dollar seit Gründung) und aus
Werbung. Diese ist zunehmend attraktiv für die Werbeindustrie, weil sie recht genau große Zielgruppen erreichen
kann und weniger Streuverluste hat.

Facebook ist nicht unumstritten, was seine Regelungen
zur Privatsphäre angeht. Manche Teilnehmer beklagen,
dass zu viele Daten ungewollt weitergegeben werden. In
Kapitel 2, Abschnitt 2.1 „Datensammler: Wer macht was
mit Ihren Bits und Bytes?" gehe ich darauf ein.

Der ehemalige deutsche Platzhirsch: studiVZ

studiVZ wurde 2005 von Ehssan Dariani gegründet. Heute
zählt der Dienst mit seinen Angeboten studiVZ, meinVZ

und schülerVZ nach eigenen Angaben 17 Millionen Mitglieder, die Hälfte davon kommt mindestens einmal täglich zu Besuch. Während die meisten Funktionen ähnlich wie bei Facebook sind, schaffte sich studiVZ mit dem „Gruscheln" ein Alleinstellungsmerkmal. **Gruscheln** ist eine Art virtuelles Kuscheln. In den verschiedenen Nutzerprofilen sind vor allem Fotos zu finden (über 760 Millionen Bilder), von denen etwa die Hälfte verlinkt ist. Das bedeutet, Nutzer haben andere Nutzer auf dem Foto erkannt und einen Link zum Nutzerprofil gesetzt. Täglich kommen eine Million Fotos hinzu.

Der Name sagt es schon: schülerVZ und studiVZ richten sich vor allem an junge Menschen in der Ausbildung, während meinVZ Nichtstudenten und ehemalige Studenten als Zielgruppe hat. Auch wenn es eine Phase des Wachstums über die Landesgrenzen hinweg gab, sind die VZ-Netzwerke letztlich ein Angebot für den deutschsprachigen Raum geblieben.

Nach diversen Datenpannen hat sich das Unternehmen 2009 vom TÜV SÜD zertifizieren lassen. Vor allem die Privatsphären-Einstellungen sind erheblich verschärft worden; Nutzer haben eine bessere Kontrolle darüber, wer was sehen kann. Dies ist vor allem bei den Fotos wichtig: Wenn mein Kommilitone ein Bild von der Semesterfete gemacht und mit meinem Namen versehen hat, möchte ich schon selbst bestimmen, wer das sehen darf und wer nicht. Ein weiterer Schutz ist der Ausschluss von Suchmaschinen wie Google – so bleiben private Informationen auch privat.

Abb. 1.5   Die beiden Gründer Patrick Ohler und Fabian Jager haben sich mittlerweile aus der Geschäftsführung von wkw zurückgezogen. (Foto: wkw)

Der Underdog: wer-kennt-wen (wkw)

Im Jahre 2006 hatten Fabian Jager und Patrick Ohler die Idee, ein neues Netzwerk ins Leben zu rufen. Es ist weitaus weniger komplex als andere vergleichbare Angebote, dafür aber einfacher zu bedienen und erinnert in Design und Funktionen mehr an Foren. Mittlerweile hat sich RTL interactive in das Netzwerk eingekauft und hält seit Februar 2009 100 Prozent.

wer-kennt-wen hat keinen akademischen Anspruch wie studiVZ, deswegen finden sich hier eher Durchschnittsbürger. Nach eigenen Angaben tummeln sich im Netzwerk 8,5 Millionen Mitglieder. Die Webseite deutsche-startups.de berichtet unter Berufung auf Zahlen der Arbeitsge-

Abb. 1.6 Xing

meinschaft Online-Forschung, dass vor allem das Bildungsniveau der wkw-Nutzer heraussticht. „Beim Thema Bildung weicht die wer-kennt-wen-Nutzerschaft stark vom Gesamtmarkt ab: 40,3 Prozent fallen in die Kategorie ‚kein oder Hauptschulabschluss'. Im Gesamtmarkt sind es lediglich 31,9 %."[9]

wkw ist hinsichtlich der Nutzerzahlen zwar kleiner als die Mitbewerber, schaut man sich aber die Aktivitäten an, kann der Underdog durchaus mithalten. Platz 7 bei den Top-Werbeträgern[10] ist so schlecht nicht und weit vor studiVZ (Platz 13). Auch was Reichweiten angeht, liegt wkw vor den deutschen Konkurrenten (Facebook wird nicht ausgewiesen, weil nicht Teil der AGOF).

Das Business-Netzwerk: XING

Einst als OpenBC gestartet, fungiert XING als deutscher Herausforderer des amerikanischen LinkedIn-Netzwerks, das sich vornehmlich an Geschäftsleute richtet. Da Geschäftskontakte wertvoll sind, lebt XING vor allem von den

---

[9] http://www.deutsche-startups.de/2008/09/29/wer-kennt-wen-in-zahlen/
[10] AGOF Berichtsband_if2009_II.pdf, S. 13.

Abb. 1.7 Die persöhnliche Startseite von StudiVZ. Quelle: StudiVZ.

Premiumdiensten. Nur wer zahlt, bekommt alle Informationen; der Premiumaccount kostet ab 5,95 Euro pro Monat.

XING ist zunächst einmal ein großes Adressbuch. Die Nutzer sind untereinander vernetzt; ich kann sehen, welche anderen XING-Mitglieder meine Geschäftskontakte kennen (sofern dies in den Einstellungen freigegeben ist). XING entwickelte sich bald zu einem lebendigen virtuellen Treffpunkt der deutschen Start-up-Szene. Mittlerweile ist das Portal auch bei traditionellen Unternehmen angekommen. Wer in Deutschland Geschäfte macht, sollte ein XING-Profil haben. Bislang hat XING 10,1 Millionen Nutzer, auch aus dem Ausland.

Intensiver eintauchen in die Community kann man in den zahllosen Gruppen. Sie laden zu lokalen Usertreffen ein, man diskutiert Branchennews oder sucht schlicht einen Job. Die Gruppe Internet und Recht z. B. zählt über 7 000 Mitglieder, die bereits mehr als 13 000 Artikel geschrieben haben. Freiberufler und Uniabsolventen bilden die zahlenmäßig größten Gruppen.

2006 ging XING an die Börse und zählt seitdem zu den Erfolgsgeschichten der deutschen Start-up-Szene. 2009 machte XING einen Umsatz von 45,1 Millionen Euro, zurzeit arbeiten 305 Angestellte für das Unternehmen.

Die internationalen Netzwerke Hi5, Orkut, Plaxo, LinkedIn, Ping und Twitter

Die oben genannten Netzwerke sind nicht die einzigen, wenn auch die größten. Hinzu kommen die Lokalisten, Stayfriends und die lokalen Ausgaben der amerikanischen Größen wie MySpace und LinkedIn. In Deutschland kaum eine Rolle spielt z. B. **Hi5**, das aber vor allen in Asien ganz oben in der Liste der sozialen Netzwerke steht. Das Portal richtet sich vor allem an junge Menschen und bezeichnet sich selbst als Social Entertainment. „Play games, flirt, give gifts, or just hang out", so beschreibt sich Hi5 auf der Homepage (www.hi5.com) selbst, und damit wird recht schnell klar, wer die Zielgruppe ist: Teens und Twens.

Orkut (www.orkut.com) hingegen startete einst recht vielversprechend in den USA als Googles Versuch, eine Community zu gründen. Mittlerweile spielt es in der Heimat kaum noch eine Rolle, dafür kommt die Hälfte aller Nutzer aus Brasilien. Platz 2 in den Usercharts hat Indien mit 20 Prozent, erst dann kommen die USA mit 17 Prozent. In den Top-50-Gruppen reden nach eigenen Angaben 37 Millionen Menschen miteinander, pro Tag loggen sich 1,7 Millionen Mitglieder ein.

Plaxo (www.plaxo.com) ist eigentlich ein internetbasiertes Adressbuch, das aber durch die Einbindung sogenannter Streams bestimmte Funktionen sozialer Netzwerke aufgenommen hat. Nutzer können z. B. ihre Twitter-Nachrichten oder Blogposts auch auf Plaxo veröffentlichen, andere Plaxo-Mitglieder können dort kommentieren oder einen Like-Button benutzen. Der Premiumaccount bietet Synchronisierung mit Microsoft Outlook und dem Google-Adressbuch, außerdem Backups und VIP-Support.

LinkedIn (www.linkedin.com) etablierte sich schnell seit seiner Gründung 2002 als erste Adresse für Geschäftskontakte. Es zählt weltweit 75 Millionen Mitglieder in 200 Ländern. Wer einen Kontakt knüpfen will, muss angeben, woher er die Person kennt, etwa aus gemeinsamen Schultagen, aus der gleichen Firma oder weil man schon zusammen Geschäfte gemacht hat. Damit versucht LinkedIn, die Wertigkeit der Kontakte hochzuhalten. Auch hier gibt es ein sogenanntes Freemium-Modell: Der Basisaccount ist kostenlos, mehr Funktionen sind kostenpflichtig. Gerade wer einen neuen Job sucht und international tätig ist, findet hier ein großes Netzwerk. Um die Mitglieder noch stärker zu binden, gibt es Diskussionsgruppen. Wer Neugeschäft sucht, kann sich Firmenprofile bei LinkedIn anschauen. Dort werden auch LinkedIn-Mitglieder angezeigt, die in der jeweiligen Firma arbeiten, die gerade befördert wurden oder die nicht mehr dort angestellt sind.

Ping ist gerade erst ins Leben gerufen worden und soll nach Vorstellungen des Gründers Apple ein soziales Online-Netzwerk für Musikfreunde werden. Es ist Teil der iTunes-Software.

Twitter spielt eine Sonderrolle. Es handelt sich dabei im Wesentlichen um einen Kurznachrichtendienst. Der Nutzer kann maximal 140 Zeichen in ein Feld schreiben und diesen Text veröffentlichen. Zunächst startete Twitter mit der Frage „Was machst Du?", um Nutzern quasi einen Grund zu geben, etwas zu schreiben. Entsprechend banal waren die Antworten. Der soziale Aspekt bei Twitter kommt durch Follower. Das sind die Leser meiner Twitter-Nachrichten. Sie folgen (engl. *follow*) mir virtuell. Wenn mir die Beiträge anderer gefallen, kann ich ihnen folgen. Wenn ich jemandem folge und er mir, dann und nur dann können wir beide uns auch nicht öffentliche Direktnachrichten schicken. Technisch kann man zwar auf Nachrichten anderer antworten, tatsächlich entwickeln sich aber weniger lange Diskussionen. Außerdem bietet Twitter eine Suche innerhalb der Beiträge. Wer nicht öffentlich gelistet sein will, kann seine

Beiträge auch auf privat stellen, so können nur die eigenen Follower diese sehen. Durch die limitierte Funktionalität ist Twitter weniger ein soziales Netzwerk als ein sozialer Nachrichtendienst. Sozial deshalb, weil viele Meldungen – vor allem tagesaktueller Natur – immer weiter und weiter verbreitet werden. Aktuelle Ereignisse bekommen so auf Twitter ihre eigene Berichterstattung, wenn auch mit gewisser Redundanz.

Bekanntes Beispiel für die Schnelligkeit des Dienstes war ein Foto des im Hudson River notgelandeten Flugzeugs im Januar 2009. Ein Autofahrer hatte es von der nahen Brücke aus geschossen und per Telefon zu Twitter hochgeladen. Eine hilfreiche Funktion ist die Geokodierung: Dank der Ortsdaten kann man sehen, wer noch an dem Ort twittert, an dem man sich befindet. Wer Trends erfassen möchte, sollte Twitter zumindest lesen. Man kann z. B. Suchen nach Stichworten speichern. Gerade Unternehmen nutzen dies in der Krisenkommunikation. Viele PR-Krisen beginnen mit der Verbreitung von Informationen auf Twitter und Facebook.

2

Privatsphäre: Speicherung, Verarbeitung und Verwendung personenbezogener Daten

Datensammler: Wer macht was mit Ihren Bits und Bytes?

Wer heute Webseiten aufruft oder ein eigenes Profil in einem sozialen Online-Netzwerk erstellt, hinterlässt unweigerlich digitale Spuren im Internet. Während Webseiten die meisten dieser Daten temporär oder zum Anzeigen bestimmter Werbung benutzen, gehen viele soziale Netzwerke weiter: Sie erstellen Nutzerprofile und verkaufen diese im schlimmsten Fall. Die Sicherheit Ihrer Daten, gleich ob es persönliche Angaben sind oder Fotos, die Sie hochgeladen haben, sollte eigentlich gewährleistet sein. In einer Stellungnahme zu einem Bericht des Fernsehmagazins *Monitor* forderte das Institut für Internetsicherheit an der Fachhochschule Gelsenkirchen: „Die Sicherheit der Daten während der Übertragung im/ins Internet wird in der Regel durch die Nutzung der SSL/TLS-Verschlüsselung zwischen dem Browser und den Webseiten des sozialen Netzwerkes realisiert ... Facebook unterstützt diese Technologie nach eigenen Angaben für das Passwort und für Kreditkarteninformationen … Eine bessere, sicherere und vertrauenswürdigere Lösung wäre sicherlich, dass alle Daten nur mit SSL/TLS-Verschlüsselung zwischen dem Browser des Nutzers und den Webseiten des sozialen Netzwerks ausgetauscht würden!"[1] Eine weitere Forderung ist, dass Nutzer es einfacher haben sollten, die Konsequenzen der unterschiedlichen Einstellungen und deren Bedeutung zu verstehen. Schließlich stelle das Auslesen von Adressbüchern zwar ein nachvollziehbares Verlangen der Netzwerkanbieter dar, sei aber problematisch, auch weil nicht klar sei, was mit diesen Daten letztlich alles geschehe.

Im Folgenden möchte ich darstellen, was mit Ihren Daten bei den jeweiligen Anbietern passiert.

Googles gierige Spinnen

Fangen wir beim größten Datenkraken an: **Google**. Die Suchmaschine schickt ihre Spider mittlerweile in Echtzeit auf Webseiten und katalogisiert, was nicht ausdrücklich zu speichern verboten ist.[2]

Um zu verstehen, warum das US-Unternehmen Daten sammelt, muss man sich das Geschäftsmodell anschauen. Google verdient noch immer über 90 Prozent seiner Einkünfte mit Werbung. Und diese Werbung ist personalisiert oder, besser gesagt, auf die gerade aufgerufene Webseite

---

[1] Norbert Pohlmann, Marco Smiatek, Malte Woelky (2010): *Soziale Netzwerke im Internet*. Kommentare zur Berichterstattung von *Monitor* am 20.05.10, Fachhochschule Gelsenkirchen.

[2] Mit einer sog. robot.txt-Datei kann man Google untersagen, die Webseite zu durchsuchen. Google hält sich auch daran.

optimiert. Es ist Google ziemlich egal, *wer* Sie sind, es ist nur interessant, *was* Sie lesen. Rufen Sie eine Seite über Urlaub in Tirol auf, wird Google Ihnen Urlaubsanzeigen anbieten (falls die Webseite am Google-Werbeprogramm teilnimmt). Google erstellt daraus auch kein Benutzerprofil, zumal die Suchmaschine ja nicht weiß, wer Sie sind (sieht man einmal von der Möglichkeit ab, IP-Adressen zu speichern). Wer an Verschwörung glaubt, wird darauf hinweisen, dass Google auch E-Mails im eigenen Googlemail-Dienst liest und deshalb alles über seine Nutzer weiß. Dies ist nur die halbe Wahrheit: Auch hier geht es lediglich darum, passende Werbung auszuliefern. Das machen Computer nach bestimmten Algorithmen. Und Computer sind dumm und, viel wichtiger, nicht neugierig. Ich komme später noch einmal auf Werbung in sozialen Netzwerken zurück.

Facebook will Ihre Freunde ködern

Etwas anders sieht es bei **Facebook** (und sozialen Online-Netzwerken generell) aus: Hier werden vor allem personenbezogene Daten produziert. Alles, was Sie online tun, wird Ihrem Benutzerprofil zugeordnet. Letztlich möchten Sie das ja auch: Wenn Sie ein Foto in ihr Online-Album stellen, wollen Sie ja, dass Ihre Freunde wissen, dass es Ihr Foto ist (und eventuell schreiben Sie auch noch in die Bildunterschrift, dass Sie und Ihre jüngste Tochter darauf zu sehen sind).

Die unterschiedlichen Online-Netzwerke haben verschiedene Möglichkeiten der Mitbestimmung, was die Verwendung dieser Daten angeht. Die deutsche Verbraucherministerin Ilse Aigner (CSU) hat 2010 fast schon einen

Kreuzzug gegen die Privatsphäreneinstellungen von Facebook gestartet. Zwar kann man sich des Eindrucks nicht erwehren, hier macht jemand persönlichen Wahlkampf, aber etwas war schon dran an der Kritik. In einem Interview mit der Zeitschrift *Focus* sagte sie: „Facebook ist zu einem Einwohnermeldeamt für die ganze Welt geworden." Besonders eklatant sei, dass sich Facebook die Daten von unbeteiligten Dritten besorge, die das Netzwerk nicht nutzen. „Ich habe ein Problem damit, wenn ein Teil der Gewinne von Facebook auf der Verletzung bestehender Gesetze beruht", sagte Aigner. Facebook verschaffe sich so Wettbewerbsvorteile, die sie nicht in Ordnung finde.[3]

Der Ministerin ist vor allem eine umstrittene Funktion ein Dorn im Auge: Wer die Kontaktdaten seines iPhone mit dem Adressbuch von Facebook synchronisiert, veröffentlicht praktisch alle seine Kontaktdaten. Dies ist z. B. für Rechtsanwälte und Journalisten geradezu geschäftsschädigend. Und: Facebook bekommt Daten von Menschen, die unter Umständen gar nicht Teilnehmer des Netzwerks sind und es auch gar nicht sein wollen. Diese Daten werden außerdem auf US-amerikanischen Rechnern gespeichert – Facebook entzieht sie damit dem deutschen Recht.

Während man dieses Ärgernis eigentlich technisch leicht abstellen kann, stellt sich die Frage, wie weit Facebook mit den Daten grundsätzlich gehen darf. Zum einen werden diese, wie auch bei Google, als Grundlage für personalisierte Werbung benutzt. Wer in Vietnam lebt, bekommt vietnamesische Werbung angezeigt. Dabei hält sich Facebook noch

---

[3] http://www.focus.de/digital/internet/ilse-aigner-facebook-nutzt-persoenliche-daten-als-waehrung_aid_531398.html.

zurück: Ein Werbetreibender kann gerade mal die Länder auswählen, die er erreichen will, Altersgruppen und Geschlecht, Bildung, Interessensgebiete. Aber er kann auch User, die schon mit ihm in Verbindung stehen (oder noch nicht) und deren Freunde bewerben. Nichts also, was eine klassische Marketingagentur nicht schon seit Jahren macht.

Das Problem bei Facebook sind die **Freunde der Freunde**. Während es ja Sinn macht, dass ich meine Daten meinen Freunden bekanntgebe, möchte ich unter Umständen nicht, dass die ganze Welt davon erfährt. Deswegen gibt es die Einstellungsalternativen, dass nur Freunde etwas lesen dürfen oder eben jeder. Gerne übersehen wird aber die Einstellung für Freunde der Freunde. Wer das freigibt, stellt einen Freibrief für die Verbreitung persönlicher Informationen aus. Ein Beispiel: Mein Chef ist kein Freund von mir auf Facebook, weil ich nicht will, dass er meine Fotos sieht und meine Mitteilungen auf meiner Pinnwand liest. Meine Kollegin ist eine Freundin auf Facebook. Sie wiederum will sich beim Chef beliebt machen und hat ihn als Freund hinzugefügt. Schließe ich die Freunde-von-Freunden-Verbindung nicht ausdrücklich aus, kann mein Chef unter Umständen lesen, was ich mache, ohne dass ich dies möchte.

Die größte Kritik an Facebook ist, dass die Einstellungsmöglichkeiten sehr kompliziert sind. Facebook selbst verweist darauf, dass man dem Nutzer bestmögliche Freiheit geben möchte. „… we have built extensive privacy settings – to give you even more control over who you share your information with", schrieb Gründer **Mark Zuckerberg** bereits 2006 im Facebook-Blog.[4] Letztlich ist es eine Ver-

---

[4] http://blog.facebook.com/blog.php?post=2208562130.

trauensfrage, und das Vertrauen wird nicht gerade besser, wenn Facebook zwar ankündigt, man könne nun die Einstellungen auch per Mobiltelefon ändern (und ein Foto eines iPhone zeigt), dabei aber verschweigt, dass die eigene iPhone-App genau das nicht kann, sondern der Nutzer per Browser auf das Portal zugreifen muss. Und wenn Mark Zuckerberg sagt, dass „Privatsphäre nicht mehr zeitgemäß" sei[5], wird das ebenso wenig der Vertrauensbildung dienlich sein.

Aus Fehlern gelernt: Die VZ-Netzwerke

Nachdem studiVZ hinsichtlich des Umgangs mit den Nutzerdaten einiges an Kritik hatte einstecken müssen und außerdem Datenpannen ans Licht gekommen waren, hat das Unternehmen aus den Fehlern Konsequenzen gezogen. 2006 wurden einige Tausend Profile heruntergeladen, damit konnte eine detaillierte Profilanalyse des Netzwerks erstellt werden. 2007 wurden von studiVZ aus Sicherheitsgründen alle Passwörter zurückgesetzt, weil man einen Hack befürchtete, der Usernamen und Passwörter ausgelesen hat. Fast mustergültig wird jetzt aufgelistet, welche Daten wie verwendet werden und welche Einstellungsmöglichkeiten der Benutzer hat.

Gerade das sensible Thema Werbung wird sehr ernst genommen: „Zu Werbezwecken werten wir Deine Daten nur aus, wenn Du zielgruppenspezifische Werbung angezeigt bekommen möchtest. Deine Einstellungen dazu kannst Du jederzeit in Deiner Privatsphäre unter ‚Einstellungen

---

[5] http://www.spiegel.de/netzwelt/web/0,1518,671083,00.html.

zur Verwendung meiner Daten' verändern. Welche Daten zu Werbezwecken ausgewertet werden, kannst Du weiter unten im Kapitel ‚Werbung' nachlesen. Was zielgruppenspezifische Werbung genau ist, erfährst Du auf unserer Info-Seite ‚Wie funktioniert Werbung auf studiVZ'", erklärt das Unternehmen auf der Datenschutz-Webseite.[6]

Die Daten, die gesammelt werden, sind zunächst für eine Anmeldung notwendig, z. B. Name, Geburtstag, Geschlecht, Hochschule, E-Mail und Passwort. Später dann werden IP-Adresse und andere technische Daten temporär gespeichert, in der Regel aber für interne Prozesse. studiVZ sagt ausdrücklich, dass es keine Daten weitergibt außer an den eigenen Werbeauslieferer (**Ad-Server**). Im Übrigen betont das Unternehmen, dass Nutzerdaten nicht verkauft werden.

wer-kennt-wen und wer weiß was?

Der Name ist eigentlich schon Programm: wer-kennt-wen (wkw) zeigt wie auch XING Verbindungen zu anderen Nutzern. Wenn also der Freund eines Freundes mich in seine Freundesliste hinzufügen möchte, sehe ich, welche direkten Verbindungen ich zu dieser Person habe. Dies ist an sich schon eine hilfreiche Funktion, um zu wissen, mit wem man es eigentlich zu tun hat.

In der Datenschutzerklärung von wkw heißt es: „Sämtliche von Dir im Rahmen der Registrierung angegebenen Daten werden mit Ausnahme Deiner E-Mail-Adresse in Deinem Profil veröffentlicht und sind für andere Mitglieder von wer-kennt-wen sichtbar. Innerhalb Deines Profils hast Du die

---

[6] http://www.studivz.net/l/policy/info/.

Deine Profilangaben

Straße und Hausnr.: [Nur Leute, die ich kenne]

Telefon und Fax: [Nur Leute, die ich kenne]

Handy: [Nur Leute, die ich kenne]

senger (ICQ, Skype etc.): [Nur Leute, die ich kenne]

E-Mail-Adresse: Die E-Mail-Adresse wird aus Sicherheitsgründen niemandem angezeigt.

Persönliches: [Alle Leute innerhalb von wer-kennt-wer]

Schule: [Alle Leute innerhalb von wer-kennt-wer]

Funktionen

Was machst Du gerade: [Alle Leute innerhalb von wer-kennt-wer]

Erstelle Deine eigene Neues-Seite

Blog: [Alle Leute innerhalb von wer-kennt-wer]

Gästebuch: [Alle Leute innerhalb von wer-kennt-wer]

Nachrichten erhalten: [Alle Leute innerhalb von wer-kennt-wer]

Abb. 2.1   wer-kennt-wen zeigt Einstellungen verständlich an.

Möglichkeit, den Umfang, in dem Deine Daten veröffentlicht werden, durch entsprechende Einstellungen anzupassen."[7]

Die Einstellungsmöglichkeiten an sich sind recht differenziert und trotzdem übersichtlich gehalten.

Bei wkw stellt sich die Freunde-von-Freunden-Problematik nicht. Bestimmte Inhalte können entweder nur meine Freunde oder alle im Netzwerk sehen.

---

[7] http://www.wer-kennt-wen.de/static/datenschutz.

Eines der größten Sicherheitsprobleme ist die oben angesprochene Verschlüsselung. wkw bietet eine solche sichere Übertragung (per https-Protokoll, nicht aber als SSL-Verschlüsselung mit einem entsprechenden Zertifikat) nur beim Anmelden an, nicht aber für die Dauer der Sitzung. Wer die Internetadresse (URL) eines Fotos kennt oder errät, kann dieses aufrufen, ohne selbst Mitglied zu sein. Ausdrücklich zu loben ist, dass ein gelöschtes Profil wirklich gelöscht wird. Allerdings bleiben wohl Texte und Bilder online, nur der Benutzername wird gelöscht. Aus den Texten wiederum kann man unter Umständen auch auf den Autor schließen.

Ist gelöscht auch gelöscht?

Es kann mehrere Gründe geben, warum man nicht mehr an einem sozialen Online-Netzwerk teilnehmen möchte, z. B. weil man zu einem anderen Netzwerk wechselt oder weil man mit den Änderungen der Geschäftsbedingungen nicht einverstanden ist. Oder schlicht aus Protest. Die Frage ist: Was passiert mit meinen Daten? Was wird gelöscht, wenn ich meinen Account kündige?

Auch dies handhaben die verschiedenen Anbieter unterschiedlich. Wie bereits erwähnt, wird bei **wer-kennt-wen** der Benutzername gelöscht, Inhalte bleiben aber in der Datenbank bestehen. Hier stellt sich natürlich auch die Frage der Rechtmäßigkeit, schließlich gehören die Daten dem Benutzer. Er überlässt in der Regel dem Dienst nur die Nutzung.

Facebook bietet standardmäßig nur die Deaktivierung des Accounts an. Dies bedeutet, dass die Daten zwar nicht mehr aufgerufen werden können, aber weiter „schlummern". Facebook möchte damit sicherstellen, dass alle Daten wieder vorhanden sind, sollte der Benutzer es sich anders überlegen und den Zugang wieder aktivieren. Wer sichergehen will, dass sein Account für alle Zeit aus dem Facebook-Universum verschwindet, muss die Löschung beantragen. In den Hilfethemen ist ein kleiner Link versteckt, der auf eine Löschseite führt.

Die **VZ-Netzwerke** sagen es in ihren Allgemeinen Geschäftsbedingungen (AGB) klipp und klar: „Wenn Du etwas löschst, ist es auch weg. Restlos." Im hauseigenen Manifest zum Datenschutz heißt es: „Wer seine Daten entfernt, muss sich darauf verlassen können, dass Anbieter sie schnell und restlos löschen. Daten bleiben das Eigentum der Nutzer. Netzwerke haben sie geliehen und tragen Verantwortung, sie zu schützen."

Das Business-Netzwerk **XING** bietet die Löschung des Zugangs sowohl per E-Mail als auch mit einem internen Link an. Allerdings wird auch hier nicht explizit erklärt, wann welche Daten gelöscht werden.

Letztlich ist es schlicht Vertrauenssache für Benutzer, aber auch eine Herausforderung für den Gesetzgeber. Dieser muss sicherstellen, dass das digitale Eigentum dort bleibt, wo es hingehört: beim Ersteller.

Datenschutz ist eine juristische, technische und ethische Herausforderung

Wer sich noch an die Proteste gegen die Volkszählung in den 1980er Jahren erinnert, wird heute schmunzeln angesichts der Daten, die wir freiwillig nicht nur der staatlichen Autorität, sondern auch Unternehmen in anderen Ländern zur Verfügung stellen. Datenschutzgesetze sind gemacht worden, als es noch nicht diese große Anzahl von sozialen Online-Netzwerken gab, und der Gesetzgeber tut sich schwer, diesen Herausforderungen angemessen und vor allem schnell zu begegnen. Grundsätzlich ist die Rechtslage klar: Wer ein Portal in Deutschland betreibt, hat sich an deutsches Recht zu halten. Wie wir von Facebook wissen, scheint dies aber nicht auszureichen.[8] Es bedarf internationaler Regelungen, die zwar im Grundsatz bereits vorhanden sind, letztlich aber nicht wirklich einklagbar sind. §4 des **Bundesdatenschutzgesetzes** regelt den internationalen Austausch von personenbezogenen Daten, leider nur im europäischen Raum. Für andere Länder gilt das **EU-Safe-Harbor-Abkommen.** Dies bedeutet, dass Informationen an Unternehmen in Ländern gegeben werden können, wenn diese dem Safe-Harbor-Abkommen beigetreten sind und somit Mindeststandards des Datenschutzes sicherstellen. Kritiker bemängeln, dass die USA diese Standards nicht einhalten.

Deshalb wurde dies noch einmal in einem Beschluss der obersten Aufsichtsbehörden für den Datenschutz im nicht öffentlichen Bereich am 28./29. April 2010 in Hannover verschärft: „Die obersten Aufsichtsbehörden für den Datenschutz im nicht öffentlichen Bereich weisen in diesem Zusammenhang darauf hin, dass sich Daten exportierende Unternehmen bei Übermittlungen an Stellen in die USA nicht allein auf die Behauptung einer Safe-Habor-Zertifi-

---

[8] Einer der Gründe, warum Facebook in Vietnam per **Domain Name Server,** quasi der Telefonbuch des Internets, blockiert wird, sei nach Angaben von Branchen-Insidern, dass Facebook mit Werbung Geschäfte in Vietnam mache, aber weder ein Büro unterhalte noch Steuern zahle.

zierung des Datenimporteurs verlassen können. Vielmehr muss sich das Daten exportierende Unternehmen nachweisen lassen, dass die Safe-Harbor-Selbstzertifzierungen vorliegen und deren Grundsätze auch eingehalten werden. Mindestens muss das exportierende Unternehmen klären, wann die Safe-Habor-Zertifizierung des Importeurs erfolgte. Eine mehr als sieben Jahre zurückliegende Safe-Habor-Zertifizierung ist nicht mehr gültig."[9]

Die besten Gesetze allerdings nutzen nichts, wenn sie umgangen werden können. So wie das Verbot eines Bankraubs allein keinen Bankraub verhindern kann, ist es z. B. Hackern immer wieder möglich gewesen, an Daten zu kommen, die nicht für die Öffentlichkeit gedacht waren. Der Grund liegt nicht in der Schlampigkeit von Programmierern, sondern schlicht in der Komplexität der Systeme. Bestmögliche Erreichbarkeit, höchste Performance und extreme Skalierbarkeit von Netzwerken bedeuten auch, dass hier und da schlicht Lücken entstehen, die Unbefugten den Eintritt ermöglichen. Letztlich wird es immer ein technisches Risiko geben.

Die Rolle des Staates in sozialen Online-Netzwerken

Wir wissen jetzt, dass uns Gesetze schützen sollen vor allzu großen Begehrlichkeiten der Unternehmen. Aber wie sieht es denn mit den Begehrlichkeiten des Staats an sich aus? Kriminalbeamte haben ein geradezu natürliches Interesse

---

[9] https://www.ldi.nrw.de/mainmenu_Service/submenu_Entschliessungsarchiv/Inhalt/Beschluesse_Duesseldorfer_Kreis/Inhalt/2010/Pruefung_der_Selbst-Zertifizierung_des_Datenimporteuers/Beschluss_28_29_04_10.pdf.

an Daten aller Art. Und natürlich an Verbrechen. Wer heute eine Straftat per Internet ankündigt, fliegt recht schnell auf. Längst schon durchsuchen virtuelle Streifenpolizisten das Internet und damit auch die sozialen Online-Netzwerke.

Die Wochenzeitung *der Freitag* schrieb in einem Artikel über soziale Medien[10]: „Für Überwacher und Spitzel aller Couleur sind die sozialen Medien ein Geschenk – weil sie ihnen Arbeit abnehmen. Das Daten-Abbild von Beziehungen kann von Maschinen ausgewertet, das Verhalten von mehr Menschen mit weniger Personal überwacht werden." In einem Artikel der *taz* vom Januar 2010 wird deutlich, dass es für Fahnder rechtlich einfacher ist, sich der sozialen Netzwerke anzunehmen: „Trotzdem ist auch diese Art von Privatsphäre trügerisch. ,Nachrichten innerhalb von sozialen Netzwerken z. B. sind rechtlich schlechter geschützt als etwa E-Mails oder Telefonanrufe', sagt Matthias Bäcker, Dozent für öffentliches Recht an der Uni Mannheim. Denn E-Mails und Telefonate unterliegen dem Telekommunikationsgesetz, also dem Fernmeldegeheimnis. Soziale Netzwerke dagegen werden als Internetseiten eingestuft und fallen unter das Telemediengesetz, das weniger Schutz der Privatsphäre bietet. Einen polizeilichen Zugriff auf solche Daten hält Bäcker in der Praxis für leicht durchsetzbar."[11]

Der Rechtsanwalt **Udo Vetter**, der sich unter anderem auf Internetthemen spezialisiert hat, beschreibt die Rolle der Ordnungsbehörden wie folgt:

---

[10] http://www.freitag.de/wochenthema/1033-sozial-anders.
[11] http://www.taz.de/1/netz/netzpolitik/artikel/1/moechtest-du-polizei-als-freund-hinzufuegen/.

Das Internet ist mittlerweile auch bei der Polizei angekommen. Zwar müssen viele Beamte am eigenen Schreibtisch mit einem Intranet auskommen. Offiziell wird das mit Sicherheitsbedenken begründet. Inoffiziell geht es aber natürlich auch darum, die private Nutzung des Internets nicht ausufern zu lassen. Die Handhabung ist aber von Bundesland zu Bundesland, ja sogar zwischen einzelnen Polizeibehörden höchst unterschiedlich. In jeder Wache und auf jedem Kommissariat gibt es aber internetfähige Computer, über die Beamte recherchieren können. Das Internet ist längst auch in den Köpfen der Polizeibeamten angekommen. Gerade wenn Täter ermittelt werden sollen, wird gerne in soziale Netzwerke geguckt. Ich habe es schon erlebt, dass erinnerungsunwilligen Zeugen Fotos aus studiVZ, Facebook oder wer-kennt-wen vorgelegt wurden mit der Aussage: „Du warst doch bei der Party dabei, der Typ sitzt dir schräg gegenüber. Und dann willst du behaupten, du hast keine Ahnung, wer er ist …?" Es werden also Querverbindungen zwischen Personen ermittelt, die man so früher vielleicht nicht hätte herausfinden können.

Allgemein werden natürlich auch Hintergründe zu Personen recherchiert. In Wirtschaftsstrafsachen ist es nicht ungewöhnlich, dass das XING-Profil von Beschuldigten oder Zeugen in die Akte geheftet wird. Allgemein ersetzen bzw. ergänzen soziale Netzwerke für die Polizei zunehmend die Fragerei von Tür zu Tür.

Auf die Frage, ob Fahnder auch ohne konkreten Verdacht Netzwerke scannen, sagt Vetter: Ja, es gebe beim Bundeskriminalamt sowie bei einigen Landeskriminalämtern eine sogenannte „anlassunabhängige Internetüberwachung". Da sitzen in Wechselschicht Beamte und gehen „Streife" im Internet. Ein Schwerpunkt ist sicherlich die Überwachung von Tauschbörsen auf kinderpornografische oder sonst wie verbotene Inhalte.

Aber Beamte schauen sich auch in studiVZ, Facebook oder XING um. Bei schülerVZ oder in den unzähligen Chats wird nach Ansatzpunkten für **Grooming** (Anlocken von Minderjährigen zu sexuellen Handlungen) gesucht.

Der Rechtsanwalt erläutert weiter: „Die virtuelle Streife ist also auch ohne konkreten Verdacht in sozialen Netzwerken unterwegs. Ich habe außerdem gehört, dass der Polizei auch schnell auswechselbare Sonder-Accounts zur Verfügung gestellt werden, damit sie schnell verschiedene Identitäten annehmen können. Hier gibt es eine Zusammenarbeit mit dem einen oder anderen Anbieter … Dass sich Beamte selbst aktiv z. B. als Kinder und Jugendliche ausgeben oder sonst irgendwie aktiv Agent Provocateurs spielen, wird öfter behauptet, ist mir aber nachweislich noch nicht begegnet. Was ich allerdings schon erlebt habe, sind sogenannte Honey Pots, also von der Polizei gekaperte und am Leben gehaltene Angebote vermeintlich kinderpornografischer Dateien."

Nun hört man Beschuldigte immer wieder sagen, sie hätten sich nur einen Spaß gemacht. Wie gerichtsfest sind solche Fahndungsergebnisse? Vetter meint: „Natürlich haben Informationen aus sozialen Netzwerken keine Vermutung der Wahrheit für sich. Sie müssen sich später stets einer Wahrheitskontrolle unterziehen, so wie alle anderen Beweismittel auch. Indizien oder Anstoß für Ermittlungen können solche Informationen aber auf jeden Fall sein. Sie sind es auch."

Es scheint, als ob vor allem öffentliche Kontrolle eine große Rolle spielt bei der Sicherheit. Sowohl studiVZ als auch

Facebook haben nach massiven Protesten ihre Datensicherheit erheblich erhöht. Es bedarf wohl eines gesellschaftlichen Diskurses darüber, welche Daten überhaupt öffentlich sind, was Daten sind und was sie letztlich bedeuten. Ein Beispiel zeigt folgendes Dilemma: Im Zuge der Google-Streetview-Diskussion haben sich Rentner an eine Zeitung gewandt und dagegen protestiert, dass ihr Haus bei Google dargestellt werde. Die Rentner wurden vor eben diesem Haus fotografiert, und die Zeitung veröffentlichte das Bild mit den Namen der Personen auch im Internet. Das zeigt, dass wir selbst mitverantwortlich sind, was mit unseren Daten passiert und dass wir außerdem ein wenig darüber nachdenken müssen, was Datenschutz für uns persönlich bedeutet. Im Abschnitt „Private und öffentliche Informationen und deren Management" gehe ich darauf noch einmal gesondert ein.

Warum Ihre Daten nicht mehr Ihnen gehören

Dies ist rechtlich natürlich Unfug. Nach der Gesetzeslage in Deutschland haben Sie alle Rechte an Ihren Daten. Das regeln Datenschutzgesetze und das Urheberrecht. Worauf ich hinaus will, ist, dass Sie technisch gesehen kaum mehr einen Überblick haben, wer welche Ihrer Daten benutzt. De jure haben Sie volle Kontrolle, de facto allerdings nur eine eingeschränkte.

Nehmen wir das Beispiel eines Fotos: Sie können bei Facebook natürlich einstellen, dass es nur Freunde sehen. Nehmen wir an, Sie haben 200 Freunde. Wer garantiert Ihnen, dass nicht einer dieser Freunde dieses Foto einfach speichert und weiterverbreitet? Das Gleiche gilt für Profilinformationen in sozialen Netzwerken: Sie sind notwendig, aber wer technisch versiert ist, kann Sicherheitslücken ausnutzen und Profildaten en masse sammeln und verkaufen. Das ist nicht wirklich eine Gefahr, im schlimmsten Falle bekommen Sie Werbung, aber es zeigt doch, dass die Digitalisierung ihre Schattenseiten hat. Während die klassischen sozialen Online-Netzwerke geschlossene Systeme sind, die bisweilen sogar Suchmaschinen aussperren, ist dies bei Diensten wie dem **Mikroblog Twitter** schon anders. Was dort veröffentlicht wird, ist öffentlich und für jedermann einseh- und vor allem auswertbar.

Ein anderes Beispiel ist der Lokalisierungsdienst **Foursquare**. Diese Telefon-Software ortet Sie per GPS und Sie können an bestimmen Orten einchecken. Ihre Freunde erfahren dann, dass Sie beispielsweise in Ihrer Lieblingskneipe sind. Bei Foursquare können die Statusnachrichten nicht nur an Freunde geschickt werden, sondern − per Schnittstelle − auch an Twitter. Wer dann eine Suchabfrage machte nach „I am at" und „Foursquare" konnte wunderbar Bewegungsprofile erstellen, ohne selbst bei Foursquare angemeldet zu sein. Kritiker meinten sogar, dass dies Einbrechern grünes Licht gäbe. Letztlich ist es natürlich Ihre Sache, der Welt mitzuteilen, ob Sie zu Hause sind oder nicht. Auf der anderen Seite wird ein Einbrecher wohl kaum Twitter abfragen, sondern morgens vor der Haustür warten, bis Sie weggefahren sind.

Noch ein anderes mögliches Beispiel bringt Google ans Tageslicht. Aufgrund der Tatsache, dass Profildaten in der Regel auch für Suchmaschinen zugänglich sind, kann das Googeln Ihres Namens schon ans Licht bringen, in welchen Netzwerken Sie Teilnehmer sind. Wenn ich meinen Namen mit dem Namen eines Netzwerks kombiniere, geben mir

XING, Facebook und LinkedIn Daten aus, nur studiVZ und wkw haben mich offensichtlich erfolgreich ausgesperrt.

Dies nur als kleine Denkanregung. Ich werde wiederholt darauf hinweisen, dass Schnittstellen, Suchmaschinen und Vernetzungen von Netzwerken es immer schwieriger machen, alle seine Daten zu kontrollieren. Im Abschnitt „Private und öffentliche Informationen und deren Management" beschreibe ich detaillierter, wie Sie das Problem an der Wurzel bekämpfen – so es denn eines für Sie ist.

Letztlich gilt es immer zu beachten: Umsonst ist nicht umsonst. Die Tatsache, dass ein soziales Online-Netzwerk seine Dienste gratis anbietet, bedeutet keineswegs, dass nicht ein Geschäft dahintersteckt. Von Investorengeldern einmal abgesehen, verdienen diese Netzwerke Geld mit Werbung. Und Werbung braucht Leute, die diese Werbung sehen. Deswegen werden die Anbieter alles tun, so viele Teilnehmer wie möglich zu bekommen. User sind eine Art Währung geworden. Es zählen gar nicht mehr so sehr die Klicks auf eine Webseite als die Teilnehmerzahlen und die Verweildauer in sozialen Online-Netzwerken.

Das Individuum im sozialen Online-Netzwerk (SON)

„Der Mensch ist ein Herdentier", sagt ein altes Sprichwort. Gemeint ist, dass wir uns auch in großen Ansammlungen wohlfühlen. **Wikipedia** definiert die Herde wie folgt[12]: „Bei einer Herde handelt es sich um einen mehr oder weniger einheitlich koordinierten Sozialverband. Sie kann wenige Individuen umfassen oder auch einige tausend Tiere. … Das Herdenverhalten von Tieren ist abhängig von vielen Faktoren, wie z. B. der Verfügbarkeit von Nahrung oder dem artspezifischen Fortpflanzungsverhalten."

Wir schätzen die Vorteile, die uns die Herde bietet: Schutz vor Angreifern, nicht mehr als Individuum wahrgenommen zu werden, Teil eines Ganzen zu sein. Ob Rockkonzert oder politischer Aufmarsch, ob Dorfgemeinschaft oder dass zusammenwächst, was zusammengehört: Wir neigen dazu, uns zu größeren Gebilden zusammenzuschließen. Wir können uns der Faszination der Masse nicht entziehen. Dies kann böse enden, wie wir aus unserer eigenen Geschichte kennen. Es kann aber auch gut gehen: Das soziale Online-Netzwerk (SON) Facebook hat in den wenigen Jahren seines Bestehens 500 Millionen Mitglieder. Dies ist knapp zwei Mal die Bevölkerung der USA. Das deutsche Business-Netzwerk XING zählt 10,1 Millionen Mitglieder. studiVZ gibt etwa 16 Millionen Nutzer an. Tendenz in allen Angeboten steigend.

Verdammt große Herden!

Dem gegenüber steht ein anderer Trend: die Individualisierung. Wir beginnen uns zu individualisieren, so weit das möglich ist. Ein Schlagwort seit den 1980er Jahren lautet „neue Selbstständigkeit". Die neue Selbstständigkeit ist vor allem durch die *domestication* des Arbeitsplatzes gekennzeichnet. Darunter wird nicht nur das Ausüben der Arbeit

---

[12] http://de.wikipedia.org/wiki/Herde.

von Zuhause verstanden, sondern vor allem die Befreiung von Weisungsgebundenheit bei der Arbeitsausführung und ein höherer Freiheitsgrad bei Entscheidungen.[13]

Ob **Cocooning**, das Einkapseln in die häusliche Umgebung, oder Elternzeit für Väter: Unser Gesellschaftsbild verändert sich dramatisch. In einer Befragung haben bereits vor zehn Jahren 36 Zukunftsforscher quasi einhellig zugestimmt, dass wir individueller werden wollen. „Die neuen Medien, vor allem das Internet, vervielfältigen und beschleunigen die Lernprozesse für alternative Erfahrungen und Lebensentwürfe", hieß es 2003 in der Studie *Lebenswelten 2020 – So werden wir leben* vom Deutschen Institut für Altersvorsorge. Tourismusunternehmen z. B. sehen den Anteil der FIT (Frequent Indivual Traveller) steigen. Flug- und Hotelbuchungen per Internet machen es möglich. Die Rolle der Zeitungen als Gatekeeper ist in Gefahr, weil wir uns durch **RSS-Reader** (Programme, die nur die Textinhalte einer Nachrichtenseite darstellen) die eigene Zeitung zusammenstellen können. Und Blogger träumen gar von der Möglichkeit, ihr eigener Verleger und Chefredakteur und wirtschaftlich damit erfolgreich zu sein.

Nun ist das mit Zukunftsforschern so eine Sache. Allein der Begriff ist ja schon irreführend. Wie kann man etwas erforschen, das noch gar nicht passiert ist? Tatsächlich sind es Trends, mit denen sich die Forscher beschäftigen und versuchen, daraus eine mögliche Zukunftsgestaltung abzuleiten. Manchmal liegen die Autoren völlig daneben, manchmal aber auch absolut richtig. Zu den Minuspunkten

---

[13] Sergio Bologna (2006): *Die Zerstörung der Mittelschichten. Thesen zur Neuen Selbständigkeit*, Graz: Nausner & Nausner, S. 14.

der Individualisierung nämlich zählen sie „(…) eine Kehrseite, die 2020 zu Gegenbewegungen führen könnte: Der Verlust von Bindungen und Geborgenheit führt zu neuen Formen der Gemeinschaftsbindung, zur Suche nach Nischen, in denen sich das Ich ausruhen kann vom Stress der Chancen-Nutzung und Optionen-Ausweitung."

Soeben hatte man die sozialen Online-Netzwerke erfunden.

Wir sind Gruppentiere

Schon seit Menschengedenken haben wir uns zusammengeschlossen: als Jäger, als Sammler, später als Zünfte und Bauerngenossenschaften. Dafür gab es handfeste Gründe, vor allem wirtschaftliche. Als Teil einer überschaubaren Organisation verringert man das wirtschaftliche Risiko und verliert damit auch ein wenig seine Eigenständigkeit und Individualität: Wir müssen uns Regeln unterwerfen, Normen. Als Franchisenehmer kann ich heute die Vorteile einer zentralen Steuerung und ein fast sicheres Einkommen genießen, bin aber auch in meinen Entscheidungen eingeschränkt. Als Arbeitnehmer stelle ich mich in den Dienst des Ganzen, gebe je nach Position viel oder wenig Eigenständigkeit auf und bekomme dafür eine gewisse Sicherheit, nämlich nicht für Entscheidungen wirtschaftlich verantwortlich zu sein. Die Vorteile der Gruppe scheinen für uns zu überwiegen. Klaus Dirscherl, emeritierter Professor für interkulturelle Kommunikation an der Universität Passau, erklärt unser Verhalten wie folgt: „Die Gruppe liefert uns Orientierung … In der kleineren Zahl kann man sich auf einen gemeinsamen Diskurs einigen. Gruppen sind dann erfolgreich, wenn sich eine bestimmte Sprache und bestimmte Gewohnheiten etablieren."[14]

Wir sind also gar keine Herdentiere, sondern Gruppentiere. In diesem Zusammenhang ist es übrigens auch etwas verwirrend, von **Schwarmintelligenz** zu sprechen, weil Schwärme zum einen Herden von Nichtsäugetieren (insbesondere Fische, Insekten und Vögel) sind, zum anderen aber vor allem ein gravierender Unterschied herrscht: Zu großen Herden schließen sich zumeist kleinere Gruppen zusammen, die enger zusammenbleiben. Im Schwarm sind alle gleich.

Und damit sind wir endgültig in der Gegenwart der sozialen Online-Netzwerke angelangt. Denn was ihren Erfolg ausmacht, ist nicht die schiere Größe. Wir melden uns nicht bei XING an, weil wir Teil der 10,1 Millionen sein wollen. Es sind auch nicht die politischen Beiträge, die ich auf **MySpace** schreibe. Es sind die Gruppen bzw. **Peergroups**. Im deutschen Netzwerk wkw gibt es Tausende Gruppen, von Abiturklassen bis Kleingärtner. Ähnlich liegt es bei studiVZ, das sogar den Erfolg der Gruppen um die eigenen Ohren geschlagen bekam, als es seine AGB ändern wollte. Sofort organisierten sich empörte Studenten in Gruppen wie „Revolution im studiVZ – gegen die neue AGB" mit vierstelligen Mitgliederzahlen.

Als ich 2008 nach Ho-Chi-Minh-Stadt zog, suchte ich, wie aus Deutschland gewohnt, nach Stadtmagazinen und Tageszeitungen, um über Veranstaltungen informiert zu werden. Es zeigte sich schnell, dass dies der falsche Weg

---

[14] http://www.br-online.de/bayern2/radiowissen/gruppe-individualismus-herdentier-ID1259853050704.xml.

war. Die Gemeinschaft der Expats, der meist westlichen Ausländer, organisiert sich in Vietnam fast ausschließlich über Facebook. So gut wie jedes Restaurant oder jede Bar hat seine eigene Fanpage, auf der Menüvorschläge oder Veranstaltungen stehen. In Kambodscha kauft man Gebrauchtes über das bei Yahoo angesiedelte „Cambodiaparentsnetwork". In Laos wollte ich der buddhistischen Kultur näherkommen: Ich wurde Mitglied der Monk-Chat-Gruppe bei Facebook.

Wir sind Vereinsmeier

Gemeinhin wirft man den Deutschen vor, sie seien Vereinsmeier. Sind sieben zusammen, gründen sie einen Verein (was sich aus der Mindestzahl, die im BGB für einen Verein vorgeschrieben ist, ergibt). Der Verein ist genau genommen eine Gruppe von Menschen mit gemeinsamen Interessen, die sich eine Organisationsstruktur geben. Diese ist im eingetragenen Verein vom BGB vorgeschrieben und dient unter anderem der Rechtssicherheit der Mitglieder, auch, weil es in Vereinen bisweilen um Geld geht.

Bei Gruppen in sozialen Online-Netzwerken ist das etwas anders: Es bedarf eines Mausklicks, um eine neue Gruppe ins Leben zu rufen, und eines ebensolchen, um sie wieder zu löschen. Statt seine Zeit im Amtsgericht zu verbringen, um einen Verein einzutragen, macht man sich einen Spaß daraus, zu jedem noch zu unwichtigen Ereignis eine Gruppe zu bilden und dies per internem Nachrichtendienst allen seinen Freunden mitzuteilen. (Ich suchte bei dem für besonders abstruse Gruppen bekannten wkw-Netzwerk nach Gruppen für den Begriff „Verkehrsinsel", der mir spontan einfiel und zu dem ich mir nicht wirklich eine Gruppe vorstellen konnte. Tatsächlich aber gibt es die Gruppe „Grillen auf der Verkehrsinsel".)

Was uns in soziale Netzwerke zieht, ist der Wunsch nach Austausch mit anderen. Dies gilt für den Rosenzüchter, der nach Tipps für das Düngen fragt, wie für den Blogger, der möglichst viele Kommentare und Links haben möchte. Und dies gilt für jeden von uns, der sich ein Profil bei einem der SON erstellt. Wir wollen mit anderen in Kontakt treten oder bleiben.

Das Problem der SON besteht aber darin, dass es sich eben um eine Vielzahl verschiedener Unternetze handelt und dass diese wiederum miteinander vernetzt sind. Im Verein kann ich meine Rolle klar definieren: Ich bin Schatzmeister bei der Freiwilligen Feuerwehr. Davon wissen die Mitglieder der Feuerwehr, und vielleicht noch das Finanzamt. Bin ich Mitglied einer Gruppe bei Facebook, wissen das unter Umständen alle 500 Millionen anderen Nutzer.

Und damit sind wir wieder bei der Herde: In die sozialen Online-Netzwerke mögen wir selbst als Gruppe eingetreten sein, wir sind aber Teil eines großen Ganzen. Wir akzeptieren das notgedrungen. (Auf Twitter stand neulich zu lesen: „Größte Lüge des Internets: ‚Ich habe die Nutzungsbedingungen gelesen.'")

Die Frage ist: Realisieren wir unsere Rolle überhaupt? Und wie sehr können wir unsere Position im Netzwerk bestimmen? Facebook bietet uns eine Konsole mit verschiedenen Einstellungsmöglichkeiten. Es soll hier nicht darum gehen, wie man sie bedient, sondern vor allem welche Konsequenzen dies für unsere Rolle und Position hat.

Seit den massiven Protesten über die **Privatsphären-Einstellungen** bei Facebook haben sich die Besitzer im Mai 2010 zumindest bemüht, dem Nutzer mehr Möglichkeiten zu geben, sich und seine Inhalte zu schützen. Wie können sich Einzelgänger, Vereinsmeier und Herdentiere in diesen Einstellungen wiederfinden?

Der **Einzelgänger** legt ein Facebook-Profil an, hat keine Freunde und kann deshalb bei allen Einstellungen „Freunde" anklicken. Dies ist wichtig: Sobald man in einem sozialen Online-Netzwerk Freunde hat, öffnet man sich und macht seine Informationen zugänglich. Da der Einzelgänger keine Freunde hat, kann auch niemand sehen, was er macht. Seine Fotos sieht nur er selbst, seine Beiträge auch. Er gehört keinen Gruppen an. Er benutzt keine **Applikationen**, spielt weder Farmville noch gestattet er seinem iPhone, das Adressbuch mit Facebook zu synchronisieren. Damit ist der Einzelgänger in der Tat ein solcher. Lediglich Werbung wird für ihn personalisiert, ansonsten führt er bei Facebook ein Schattendasein. Wer – aus welchen Gründen auch immer – sich in einem sozialen Online-Netzwerk anmelden möchte, ohne mit anderen zu interagieren, kann bei Facebook, so er (oder sie) sich die Mühe macht, alle Einstellungen per Hand vornehmen.

Der **Vereinsmeier** will in Gruppen aktiv sein und sich mit Freunden austauschen. Er ist die oben beschriebene Durchschnittsperson. Er hat 50 Freunde, manche davon kennt er schon lange, manche hat er gerade erst bei Facebook kennengelernt, weil sie in den gleichen Gruppen aktiv sind. Und schon beginnt ihm seine Kontrolle zu entgleiten. Wenn jetzt nicht konsequent in allen Bereichen „Nur Freunde" eingestellt wird, werden Daten an Freunde von Freunden oder gar an alle weitergegeben. Haben alle Freunde nur jeweils 50 weitere Freunde, dann reden wir über 50^{50} Verbindungen, die plötzlich entstanden sind. Das zeigt, wie groß diese Netzwerke skalieren.

Und hier tritt der Interessenkonflikt zutage. Natürlich haben die Betreiber der sozialen Online-Netzwerke ein Eigeninteresse: möglichst viele Teilnehmer und die möglichst komplett vernetzt. Nur so lässt sich Werbung am besten vertreiben.

Die Möglichkeit, sich mit Unbekannten zu vernetzen, hat aber auch seine Chancen. In Kapitel 3 zeige ich auf, wie Freundschaften wirken. Und warum Sie traurig sein können, obwohl Sie die gerade verstorbene Mutter des Freundes eines Freundes gar nicht gekannt haben. Und warum Sie einen guten Tag haben, weil einige Ihrer Freunde auch einen guten Tag haben.

Es ist ein wenig so, wie wenn man in eine Kneipe geht. Nehmen wir an, Sie treffen sich mit einem Freund auf ein Bier. Sie setzen sich an einen Tisch und sind weitgehend unter sich. Die Bedienung kommt vorbei und fragt – vorausgesetzt Sie sind hier öfter –, ob es wie immer ein dunkles Weizen sein soll (mehr dazu im Abschnitt „Mohnbrötchen, wie immer?"). Das war es auch schon mit Interaktion. Setzen Sie sich aber an die Theke, so haben Sie und Ihr Freund – in einer gut gehenden Kneipe – jeweils einen Sitznachbarn. Nehmen wir an, neben Ihnen sitzt ein Fremder. Es liegt nun an Ihnen und Ihrem Freund, ob Sie mit den Sitznachbarn Kontakt aufnehmen wollen. In einer Kneipe kann das mit recht harmlosen Gesprächen beginnen. Sie reden über Fußball und stellen fest, dass der Fremde den gleichen Verein präferiert wie Sie. Oder gar den gleichen

Job hat und seine Firma einen neuen Kollegen sucht. (Das Beispiel hinkt natürlich, weil Sie sich in der Kneipe nur mit zwei Menschen vernetzen, während es bei Facebook an der virtuellen Theke gleich Tausende sind, wenn nicht gar Millionen).

Ich möchte auf Folgendes hinaus: Es gibt ein gewisses Risiko, sich Fremden zu offenbaren, aber es birgt auch gewisse Chancen. In einer Kneipe fühlen Sie sich relativ geborgen, es ist ein Umfeld, in dem Sie sich wohl und sicher fühlen. Wahrscheinlich werden Sie mit einem Fremden, der sich bei McDonald's an den gleichen Tisch setzt, weil das der einzige noch freie Platz ist, nicht so schnell eine Konversation anfangen.

Genügt Ihnen als Vereinsmeier der eigene Verein, dann werden Sie in sozialen Online-Netzwerken nur die Einstellung „Freunde" verwenden. Wollen Sie aber in bestimmten Bereichen Neuland betreten, andere Menschen kennenlernen und schlicht Ihre digitale Reichweite vergrößern, dann sollten Sie die Freunde-von-Freunde-Einstellung verwenden.

Sind Sie ein Herdentier, dann ist das Ihre eigene Entscheidung. Sie sollten allerdings wissen, dass Sie, wenn Sie in einem sozialen Netzwerk alle Informationen an alle geben, keine Kontrolle mehr haben darüber, was geschieht. Selbst wenn Sie nur Freunde-von-Freunde als Option in allen Einstellungen wählen, skaliert das beachtlich. Auch wenn z. B. Ihr Chef kein Freund ist, so kann er der Freund eines Kollegen sein – und liest mit. Marketingfirmen und Personalagenturen erstellen Profile anhand der öffentlichen Daten. Überlegen Sie, ob Sie ihnen wirklich alles preisgeben wollen.

In einer Studie von Eszter Hargittai[15] von der Northwestern University beantworteten Studenten Fragen zum Thema soziale Online-Netzwerke, und die Ergebnisse waren überraschend. Zwar gaben 88 Prozent an, solche Netzwerke zu kennen, und sagten nur zwölf Prozent, sie würden diese nicht nutzen. Das mag sich in den drei Jahren seit Erstellen der Studie geändert haben. Interessant war aber auch, dass in den USA verschiedene Bevölkerungsgruppen bestimmte Netzwerke vorziehen. Hispanoamerikanische Studenten schienen sich bei MySpace wohler zu fühlen, Kinder aus Akademikerfamilien zog es mehr zu Facebook und solche aus niedrigen Bildungsschichten wiederum zu MySpace. Dies deckt sich mit den oben beschriebenen Verteilungen in Deutschland, wo wkw auch mehrheitlich untere Bildungsschichten anzieht.

Rückzug ins eigene Ich

So paradox es klingt, bisweilen bieten Netzwerke auch eine Möglichkeit, sich des eigenen Ichs bewusster zu werden oder gar das Ich so weit auszuprägen, dass es schon an Narzissmus grenzt. Kanadische Forscher[16] haben herausgefunden, dass besonders aktive Nutzer von Facebook bisweilen narzisstisch seien und wenig Selbstachtung zeigten. Man hatte 100 Studenten befragt, wie selbstbezogen sie seien, und dann festgestellt, dass jene mit den höchsten Werten

---

[15] Eszter Hargittai (2007): Whose space? Differences among users and non-users of social network sites. *Journal of Computer-Mediated Communication* 13(1), Art. 14.
[16] http://edmonton.ctv.ca/servlet/an/local/CTVNews/20100907/narcissists-love-facebook-100907/20100907/?hub=EdmontonHome.

auch die **Power-User** in sozialen Netzwerken waren. Gerade wer ein geringes Selbstbewusstsein hat, beispielsweise wegen körperlicher Beschaffenheit, kann in der virtuellen Welt diese vermeintlichen Defizite verbergen. Dabei geht es weniger um den 40-jährigen dickbäuchigen Chatter, der sich als erfolgreicher und durchtrainierter Geschäftsmann ausgibt, als vielmehr um das Verschweigen von Details bei sonst wahrheitsgemäßen Angaben. Ein dicker Mensch wird vielleicht kein Ganzkörperfoto ins Profil stellen. Jemand mit vielen Pickeln wählt ein Foto, das aus einer gewissen Entfernung aufgenommen wurde.

Die dunkle Seite der Macht des Schwarms

Wer heute als Lehrer angestellt ist, muss nicht wie früher nur Karikaturen in der Schülerzeitung fürchten. Auf Plattformen wie spickmich.de werden die Pädagogen mittlerweile öffentlich bewertet und können nicht einmal etwas dagegen tun, wie das Beispiel einer Lehrerin aus Hamburg zeigte, die gegen diese Benotungen klagte.[17] Aber auch Schüler selbst sind nicht frei von virtuellen Anfeindungen. **Cyberbullying** ist mittlerweile in allen Bildungseinrichtungen ein Problem. In einer Untersuchung des Videoportals **YouTube** stellte die Wissenschaftlerin Niransana Shanmuganathan fest: „Anhand einer Untersuchung in YouTube soll eine Aussage über die Medienkompetenz von Schülern gemacht werden. Geprüft wurden 435 Videos, welche Ergebnisse einer Suche mit relevanten Tags waren. Unter den 435 Videos waren 86 eindeutige Mobbing-Videos und 92

---

[17] BGH-Urteil vom 23. Juni 2009 – VI ZR 196/08.

Videos, die je nach Auslegung als **Mobbing-Video** gelten könnten. So beinhalten 178 von 435 Videos verletzende oder peinliche Aufnahmen von anderen Personen."[18] Gesucht wurde nach bestimmten Stichworten wie „dumme Lehrer" und „Freak in der Klasse". Ein Video mit dem Titel „Lehrer scheißt Klasse zusammen" hatte über 260 000 Aufrufe und knapp 500 Kommentare.

Das Problem beschränkt sich nicht allein auf Pennäler, die im jugendlichen Leichtsinn über die Stränge schlagen. Ähnliche Videos gibt es auch von und über Arbeitskollegen, Vorgesetzte, Familienmitglieder. Natürlich hat es schon immer die Drangsalierung von Gleichaltrigen gegeben. Doch das passierte meist in einer Clique von nicht mehr als zehn Personen. Oder im Kollegenkreis, der ebenfalls zahlenmäßig beschränkt ist. Was heutzutage den Unterschied ausmacht, ist erneut die Skalierbarkeit – und der Longtail, das Gedächtnis des Internets. Gingen früher Belästigungen irgendwann vorüber, bleiben die Videos im Netz stehen. Wer sich rechtlich nicht wehrt, hat für lange Zeit einen **Cybermakel.** Eines der extremsten Beispiele ist das Star Wars Kid. Ein kanadischer Schüler hatte sich selbst gefilmt, als er mit einer Golfballangel recht tolpatschig Lichtschwertkämpfe im Star-Wars-Stil nachspielte. Mitschüler veröffentlichten das Video auf YouTube. Binnen kurzer Zeit wurde es weiterverbreitet und mit mehr oder weniger lustigen Kommentaren versehen. Es entwickelte sich zum **Mem**, einem Phänomen, das sich rasant und unkontrollierbar durch das Internet verbreitet. Das Originalvideo hat

---

[18] Niransana Shanmuganathan (2010): Cyberstalking: Psychoterror im WEB 2.0. *Wissenschaft und Praxis* 61(2), S. 91–95.

18 Millionen Aufrufe, allerdings wird geschätzt, dass insgesamt 900 Millionen Mal dieses und Kopien sowie Bearbeitungen aufgerufen wurden. Der Schüler wechselte erst die Schule, blieb dann ganz zu Hause und musste zeitweise in psychiatrische Behandlung. Die Familie des Darstellers verklagte die Mitschüler, zog die Klage dann aber zurück und einigte sich außergerichtlich.

Mit Sicherheit dachten die Mitschüler nicht wirklich, dass sie den Jungen weltbekannt machen würden – was dieser auch gar nicht wollte. Das Beispiel zeigt eindrucksvoll, wie wenig Kontrolle wir über bestimmte Informationen haben, die wir veröffentlichen. Der gleiche Internetschwarm, der binnen kurzer Zeit Millionen Spenden für Erdbebenopfer generieren kann, kann ebenso Menschenleben zerstören.

Als im August 2010 eine Frau in England eine Katze in eine Mülltonne warf, dachte sie weder daran, dass dies von einer Videokamera aufgenommen wird, noch, dass Tausende Menschen auf Facebook protestieren würden. Man hatte das Video auf YouTube gestellt und auch per Facebook darum gebeten, die Frau zu identifizieren, was kurze Zeit später auch gelang.

Private und öffentliche Informationen und deren Management

Im *Journal of Consumer Research* wurde dieses Jahr eine Studie veröffentlicht, die von manchen Online-Medien mit dem Titel „Users are still idiots" überschrieben wurde. Gemeint war die Tatsache, dass Internetnutzer noch immer das Thema Sicherheit auf die leichte Schulter nehmen. Das fängt bei Virenscannern an und hört bei der Veröffentlichung von vertraulichen Informationen noch längst nicht auf. In der Studie wurden gefälschte Webseiten für Umfragen verwendet, einmal seriös mit einem Universitätssiegel („Carnegie Mellon University Executive Council Survey on Ethical Behaviors") und einmal recht amateurhaft („How BAD Are U???") gestaltet. Das überraschende Ergebnis: Die Amateurseite bekam mehr offene und ehrliche Antworten über schlechtes Verhalten als die der angeblichen Universität.

Wir wissen, dass wir nicht den Namen unseres Haustieres als Passwort benutzen sollen, machen es aber trotzdem. Wir kämen niemals auf die Idee, den Reporter einer lokalen Tageszeitung zu einem Saufgelage einzuladen, veröffentlichen aber Bilder davon im Internet. Die Gründe dafür sind vielschichtig. Ich will mich im Folgenden weniger hierauf konzentrieren als auf ein verantwortungsvolles Management von digitalen Informationen.

Was sind private Informationen?

Als private Information sollten Sie alles ansehen, was nur Sie selbst oder engste Vertraute angeht – Menschen, die Sie persönlich kennen. Wie oben bereits angedeutet, ist es heute schwer, die Verbreitung von einmal ins Internet gestellten Informationen wirksam zu kontrollieren, und deshalb gilt der Grundsatz: Wehret den Anfängen. Was nicht online steht, kann nicht verbreitet werden. Ein paar Beispiele:

Der Dienst **Plazes** veröffentlichte, sobald man sich angemeldet hatte, wo man sich gerade befand. Dies geschah nicht durch GPS, sondern durch den jeweiligen Internetknoten bzw. das jeweilige WLAN, in das man sich einloggte. Was eigentlich gedacht war als Freunde-in-Kneipen-Finder, hat seine Schattenseite: Ein Geschäftsmann vergaß diese Automatik und veröffentlichte, für jedermann sichtbar, dass er dreimal die Woche für mehrere Stunden in „Claudias Home-Network" (Name geändert) eingeloggt war. Claudia war aber nicht seine Frau, sondern seine Geliebte. Zwar verlangen heute manche geobasierten Dienste, dass man sich explizit jedes Mal anmeldet und so nicht aus Versehen seinen Aufenthaltsort angibt, die **Places-Funktion** von Facebook mit einer noch genaueren GPS-Ortung allerdings bedeutet auch wieder einen Rückschritt.

Ein anderes Beispiel: Engagierte Tierschützer können sich bei einer Gruppe in einem sozialen Netzwerk anmelden, die regelmäßig Petitionen verfasst. Mit einem **Like-Button** erklären Sie ihre Sympathie für die Petition. In einem Fall wurde die Regierung eines Landes aufgefordert, mehr gegen die Jagd auf Tiger zu unternehmen, und es wurde ihr gedroht, im Falle des Nichthandelns einen Tourismusboykott zu organisieren. Eine rein private Angelegenheit, dachte die Angestellte eines Touristikunternehmens und unterschrieb die Petition. Regierungsbeamte schauten sich an, wer alles unterschrieben hatte, und fanden den Namen der Angestellten. Ihr Arbeitgeber fand wenig Sympathie an ihrer Aktion und mahnte sie ab.

Machen Sie sich einmal den Spaß und geben Ihren Namen bei Google ein. Klicken Sie dann auf die Bildersuche. Wissen Sie von jedem Bild, das Sie zeigt, dass es online ist? Machen Sie den nächsten Test und schauen Sie einmal bei Facebook, falls Sie angemeldet sind, unter Fotos, welche Fotos mit Ihrem Namen getaggt, also verschlagwortet sind. Alternativ können Sie dies auch mit studiVZ machen. So schön es ist, dass man diese Verschlagwortung erlauben oder verbieten kann: Hat man einmal die Büchse der Pandora geöffnet, vergisst man leicht, was man getan hat. Was das **Taggen** von Fotos angeht, kann ich nur empfehlen, es grundsätzlich zu untersagen. Dies ist am sichersten.

Als 2010 der Flugbegleiter Steven Slater seinen Job öffentlichkeitswirksam hinwarf (er beschimpfte die Passagiere kurz nach der Landung, nahm sich ein paar Bier und öffnete den Notausstieg), suchten Medien nach Fotos von ihm. Fündig wurden sie bei Facebook. Ähnliches geschieht immer wieder, wenn bislang Unbekannte plötzlich ins Licht der Öffentlichkeit geraten, gewollt oder nicht. Da nimmt man es nicht so genau mit dem Recht am eigenen Bild und dem Urheberrecht. Denken Sie daran insbesondere im Hinblick auf Bilder.

Privat ist somit alles, was Sie nicht in der Zeitung über sich lesen wollen. Datenschutz fängt vor dem Keyboard an.

Was sind öffentliche Informationen?

Mit den oben genannten Argumenten will ich Ihnen keineswegs Angst machen. Natürlich macht es nur Sinn, in einem sozialen Online-Netzwerk aktiv zu sein, wenn man Informationen austauscht. Viele Netzwerke bieten z. B. Kurzinformationen an, **Statusmeldungen**, die Antwort auf die Frage „Was machst Du gerade?". Wer hier interessante Links verbreitet, ein Bild vom gerade gekochten Abendessen oder schlicht die Frage, wer heute Abend Lust hat, mit ins Kino zu kommen, wird kaum bedenkliche Informationen öffentlich machen. Ja, auch hier können Freunde (und je nach Einstellung andere) ein Bewegungsprofil erstellen oder gar auf Ihre Essengewohnheiten schließen.

Der *Soziale Online-Netzwerke-Report 2010* der Universität Leipzig zeigt, dass ein Viertel aller Jugendlichen zwischen zwölf und 19 Jahren schon schlechte Erfahrungen im Umgang mit studiVZ und Co. gemacht hat. Interessanterweise geht es dabei meist um Belästigung und Mobbing. Nur vier Prozent derer mit schlechten Erfahrungen gaben an, sie hätten Bedenken, „zu gläsern" zu werden, oder sie wurden „auf Bildern verlinkt, auf denen ich das nicht wollte". Das zeigt, dass offensichtlich das **Datenschutzbewusstsein** bei Jugendlichen noch nicht ausgeprägt ist.

Ein anderes Problem, das sich bei Jugendlichen stellt, ist das Generationenproblem. Was macht der 16-Jährige, wenn die **Freundschaftsanfrage** von der eigenen Mutter kommt? Eine von AOL in 2010 bei Nielsen in Auftrag gegebene Umfrage in den USA brachte zum Vorschein, das 70 Prozent der Jugendlichen ihre Eltern als Freunde haben, 30 Prozent aber dies am liebsten wieder ändern würden. Am ehesten würde man sich übrigens der Freundschaft mit der Mutter online entledigen – aus nachvollziehbaren Gründen. Die berechtigte Sorge der Eltern um das Wohlbefinden der Kinder steht in Widerspruch zur **Privatsphäre** des Nachwuchses. Manche Pädagogen raten Eltern schon, die Kinder in sozialen Netzwerken alleine zu lassen und ihnen besser zu erklären, welche Vor- und Nachteile diese haben. Im Übrigen sind die Kids ohnehin schlauer: Wer auf Druck der Mutter diese als Freundin im Netzwerk hat, wird noch einen anderen Account anlegen für seine Freunde. Die Mutter liest dann nur, was sie lesen soll – ein nicht ungewöhnliches Vorgehen der **Digital Natives**, die die Klaviatur der Online-Technik meist besser beherrschen als ihre Eltern.

Wie manage ich Informationen am besten?

Dieses Buch ist kein Handbuch zur Bedienung sozialer Online-Netzwerke, sondern soll Ihnen ein besseres Verständnis vermitteln, wie Beziehungen in diesen Netzen funktionieren und Ihnen entweder dienlich sein können oder eben nicht. Deswegen hier nur ein paar generelle Ratschläge für das Informationsmanagement:

- Schauen Sie sich genau die Einstellungen für die Privatsphäre an.
- Werden Sie sich klar darüber, wer in diesem Netzwerk welche Informationen lesen kann, vor allem ob Freunde von Freunden mitlesen können.
- Überlegen Sie, warum Sie einem bestimmten Netzwerk beitreten wollen.
- Schaffen Sie sich selbst eine Regel, welche virtuellen Freunde Sie in welchem Netzwerk akzeptieren.
- Überlegen Sie, was Sie wo veröffentlichen wollen.
- Lesen Sie einen Beitrag dreimal, bevor Sie auf „Senden" drücken.
- Veröffentlichen Sie nur, was Sie auch über sich in der Zeitung lesen möchten.
- Suchen Sie regelmäßig in den Netzwerken nach Ihrem Namen, um zu sehen, wer was über Sie schreibt. Einmal im Monat sollten Sie außerdem nach Ihrem Namen in Suchmaschinen suchen. Bei gebräuchlichen Namen

kann dies schwierig sein. Versuchen Sie es trotzdem und schränken Sie die Suche eventuell ein.

Schließlich hat auch Knigge ein paar Ratschläge darüber hinaus parat[19]:

Bleiben Sie authentisch Bauen Sie keine fiktive Identität auf. Nicht nur Freunde, auch potenzielle Geschäftspartner und Arbeitgeber recherchieren im Internet. Ihre Glaubwürdigkeit und Reputation leiden, wenn das Gesamtbild nicht stimmig ist. Hilfreich ist es z. B., wenn Sie in allen Netzwerken das gleiche Foto verwenden.

Vermeiden Sie es außerdem, innerhalb eines Netzwerks mit zwei Profilen zu agieren. Das stiftet Verwirrung.

Meiden Sie plumpe Vertraulichkeiten Überlegen Sie sich vorab, welche Kontakte Sie über welches Netzwerk pflegen möchten. Ihre Kunden sind nicht unbedingt Ihre „Freunde" und empfinden diese Bezeichnung vielleicht als unpassend oder zu intim.

Prüfen Sie außerdem Ihre individuellen Sicherheitseinstellungen sorgfältig. Manch ein Nutzer ist verwundert, dass seine Party- und Bikinifotos vom letzten Urlaub ungeschützt und für jeden zugänglich sind.

Belästigen Sie Ihre Kontakte nicht Belästigen Sie Ihre „Freunde" nicht mit nervenden Spielen und Anwendungen. Wenn Sie Ihre Kommunikation nur auf spielerische Anfragen beschränken, werden Sie schnell ignoriert.

---

[19] Social Media Knigge von Rainer Wälde für den Deutschen Knigge-Rat. Abdruck mit freundlicher Genehmigung.

Bleiben Sie freundlich Wahren Sie die Formen der Höflichkeit. Auch wenn alle Netzwerkpartner als „Freunde" angezeigt werden, gilt ein unvermitteltes Duzen zwischen Geschäftspartnern nicht als stilvoll. Eine korrekte Anrede und ein höflicher Abschiedsgruß gehören bei Kontaktanfragen dazu und steigern Ihre Chancen, akzeptiert zu werden.

Reagieren Sie humorvoll Löschen Sie keine unbequemen Einträge von Ihrer Pinnwand, denn Zensuren sind den meisten Menschen suspekt. Reagieren Sie humorvoll statt verbissen. Entscheidend ist nicht der Eintrag, sondern Ihre Reaktion.

Halten Sie den Dialog lebendig Überprüfen Sie regelmäßig Ihre Nachrichten und kommunizieren Sie mindestens einmal pro Woche mit Ihren Netzwerkpartnern. Nur wenn Sie direkt auf Einträge reagieren, bleibt der Dialog lebendig.

Schließen Sie „Trolle" aus Lassen Sie sich nicht von unangenehmen Zeitgenossen zu unüberlegten Reaktionen verleiten. Die sogenannten „Trolle" sind nicht am eigentlichen Thema interessiert, sondern wollen nur Menschen in Misskredit bringen oder Diskussionen sabotieren. Blockieren Sie diese Personen in Ihrer Kontaktliste.

Wer gibt, dem wird gegeben

Ich habe nun sehr viel darüber geschrieben, was alles Schlimmes passieren kann, wenn Sie soziale Online-Netzwerke nutzen. Ich wollte bewusst zunächst ein „Worst-Case-Szenario" zeichnen.

Dies bedeutet aber nicht, dass diese Online-Welt an sich gefährlich ist. Es ist ein wenig wie Autofahren: Wenn Sie wissen, wie man Auto fährt, wenn Sie die Straßenverkehrsordnung befolgen und vorausschauend fahren, dann kommen Sie sicher ans Ziel und haben, je nach Auto und Charakter, auch noch Spaß dabei. Ähnlich ist es in sozialen Online-Netzwerken: Aktivitäten dort sind kein Selbstzweck, sondern sollten einen Sinn haben. Wenn Sie Informationen geben, bekommen Sie auch Informationen – ein Vorteil, den Sie aus einem Netzwerk ziehen können. Es gibt noch weitere, von denen ich Ihnen im Folgenden einige aufzeigen möchte:

In Verbindung bleiben

Einer der wesentlichen Vorteile der sozialen Netzwerke ist, der Name sagt es, die Vernetzung. Dabei geht es in erster Linie gar nicht mal so sehr darum, neue Leute kennenzulernen, sondern eher darum, mit bestehenden in Verbindung zu bleiben. Wir sind heute mobiler denn je, wechseln Wohnort und Arbeitsplatz häufiger und somit auch den Freundeskreis. Ist es Ihnen auch schon passiert, dass Sie nach einem Umzug immer weniger Kontakt zu den ehemaligen Kollegen und Bekannten hatten? Das ist normal, schließlich ändern sich die Lebensumstände, man lernt neue Kollegen und Freunde kennen. Als derzeit in Asien lebend bin ich selbst noch weiter weg und frage mich immer wieder, was machen eigentlich meine Verwandten, Bekannten und Freunde in Deutschland? Facebook und andere Dienste helfen mir dabei. Ich sehe den Sohn meines Freundes in Bildern aufwachsen, folge der Karriere meines Bruders und bin immer noch neugierig, was meine Ex-Freundin so macht. (Vorsicht: Die oder den Ex als Freund zu haben, kann in sozialen Netzwerken auch zu Problemen führen – mehr dazu in Kapitel 3.) Bis in die 1980er Jahre riefen wir uns an oder schrieben Briefe, um in Kontakt zu bleiben. Weil wir schreibfaul und Telefonate in andere Städte teuer waren, beschränkten wir dies auf ein Minimum. Technik wie das Internet macht es heute einfacher, in Kontakt zu bleiben. Dabei müssen Sie natürlich wissen, dass Sie immer nur die Informationen in einem sozialen Netzwerk bekommen, die Ihre Freunde auch öffentlich machen wollen.

Eine Bekannte von mir lebte lange in Bangkok, musste dann aber nach Südamerika umziehen. Dies geschah recht schnell, und sie gab keine Informationen darüber in ihrem **Facebook-Newsfeed**. Statt dessen schrieb sie an ihre besten Freunde eine private Nachricht.

Auf der anderen Seite bekam ich vor einiger Zeit eine Nachricht von einer ehemaligen Klassenkameradin aus der 7. Klasse. Sie brachte mich dazu, bei Facebook nach meinem damals besten Freund zu suchen. Ich fand ihn, wir schrieben uns ein paar Nachrichten und ich erfahre nun auf Facebook wenigstens etwas aus seinem Leben.

Die Frage „Was macht eigentlich ...?" wird wohl derzeit am besten in sozialen Netzwerken beantwortet, zumindest wenn es um private Kontakte geht. In wer-kennt-wen habe ich, so zumindest mein Eindruck, meine komplette Grundschulklasse versammelt (und so erfahren, dass unsere Klassenlehrerin verstorben ist).

Auf dem Laufenden bleiben

Wir leben heute in einer Welt des **Information Overflow**. Es ist schier unmöglich, all die TV-Sendungen, Radiobeiträge, Zeitschriften und Tageszeitungen, Tweets und Status-Updates, Forenbeiträge und Blogkommentare zu verarbeiten. Soziale Netze können dabei eine Hilfe sein.

Nehmen wir an, Sie interessieren sich für das Rosenzüchten. Sie können der Gruppe „Rosen" bei Facebook beitreten und lesen automatisch, was es gerade Neues gibt. (Ein Beispiel: „Hallo, wer kann mir weiterhelfen, meine Kletterrose Constance Spry blüht nicht! Woran kann das liegen? Habe Sie letzten Herbst gepflanzt, wächst auch wie verrückt, nur die Blüte ließ auf sich warten.") Mehr noch, Sie werden dort vielleicht Gleichgesinnte finden und erfahren, was diese interessiert. In der Regel finden Sie interessant, was auch Ihre Freunde interessant finden (es wären kaum Ihre Freunde, wenn sie allzu verschieden sind). Außerdem bekommen Sie noch ein paar Informationen aus Bereichen, die keine so hohe Priorität haben.

Statistiken zeigen, dass die meisten Links im Internet noch immer auf klassische Medieninhalte führen.In der Regel sind dies Zeitungen und TV-Sender. Verlinken Sie auf eine politische Nachricht, tun dies Ihre Freunde mit hoher Wahrscheinlichkeit auch. Und schon wissen Sie per Facebook, ob die Regierung zurückgetreten ist. (Auf wkw und studiVz werden Sie den Rücktritt auch dadurch bemerken, dass Sie spontan zu Gruppen wie „Rettet die Bundesregierung", „Wer soll uns regieren?" oder „So geht wählen" eingeladen werden.)

Eine Studie in den USA hat gezeigt, dass auch alte Menschen zunehmend soziale Medien nutzen. „Once online, having a chronic disease increases the probability that someone will take advantage of social media to share what they know and learn from their peers."[20] Hier geht es ebenfalls um das Austauschen von Informationen.

Ihre Freunde filtern für Sie Informationen, so wie Sie dies auch für Freunde machen, vorausgesetzt, Sie nehmen aktiv am Netzwerk teil. Je nach Netzwerk sind diese Inhalte generell oder sehr speziell (ich komme später noch auf regionale Netzwerke zurück). Natürlich sollte ein soziales Netzwerk niemals Ihre einzige Informationsquelle sein.

Neue Kontakte oder Freunde finden

In einem Aufsatz für die Zeitschrift *Interactions* beschrieben Nicole B. Ellison, Cliff Lampe und Charles Steinfield die Trends und Möglichkeiten für soziale Netzwerke. „We can quickly identify areas of comonality with aquaintances. Lowering the barriers to interaction."[21] Es ist schlicht einfacher und risikoloser geworden. Sie können heute, bevor Sie überhaupt jemanden ansprechen, schon herausfinden, was für ein Mensch er ist (zumindest was die Person öffentlich macht). Haben Sie die Freundschaftsbarriere überwunden, haben Sie Zugang zu einer Menge weiterer Informationen (und können im Notfall diese Freundschaft auch schnell wieder aufkündigen, neudeutsch ent-freunden).

Das obige Rosenzüchter-Beispiel zeigt, dass wir Menschen heute oftmals online kennenlernen, ohne jemals mit

---

[20] Susannah Fox, Kristen Purcell (2010): *Chronic Disease and the Internet.* http://pewinternet.org/reports/2010/chronic-disease.spax.
[21] Nicole B. Ellison, Cliff Lampe, Charles Steinfield (2009): Social network sites and society: Current trends and future possibilities. *Interactions.*

Abb. 2.2 Offline-Networking im Foyer bei einem Internet-Kongress in München. Viele Besucher kennen sich schon vorher durch soziale Netzwerke.

ihnen von Angesicht zu Angesicht gesprochen zu haben. Ich halte dies für einen ungemeinen Vorteil. Wenn Sie ein wenig offen gegenüber Fremden sind, können Sie eine Menge Überraschungen mit neuen Freunden bei Facebook und anderen erleben. Wie gut oder schlecht, tief oder oberflächlich diese Freundschaften sind, ist eine andere Frage (darauf gehe ich im nächsten Kapitel näher ein).

Nehmen Sie allein die Business-Netzwerke XING und LinkedIn: Sie geben ein paar Stichworte ein und schon spuckt Ihnen die Datenbank mögliche Geschäftspartner und einige Informationen über diese aus. Dies bedeutet, ein Neugeschäft auf einer persönlicheren Ebene anbahnen zu können, statt ein Meeting mit dem Sales-Team zu haben und wertvolle Zeit mit langweiligen Powerpoint-Präsentationen zu vergeuden. Damit meine ich nicht, dass Sie nun jedem ihrer XING-Kontakte ein PDF Ihres Verkaufsprospekts schicken sollten, sondern dass Sie durch Netzwerke einfacher Zugang bekommen. Früher mussten Sie eine Menge Bier oder Cocktails auf After-Work-Partys trinken, um **Networking** zu betreiben – und dabei das Risiko eingehen, dass Sie a) diese Leute schon alle kennen, b) diese Leute branchenfern sind und c) irgendwann Ihre Leber protestiert.

Die Rolle von Unternehmen in sozialen Netzwerken

Der Buchtitel *Wa(h)re Freunde* soll sagen: In sozialen Netzwerken sind Freunde und Kontakte nicht nur eine Beziehung, sondern auch eine Ware. Je mehr Mitglieder und Verknüpfungen ein Netzwerk hat, desto erfolgreicher ist es und kann besser Werbung ausliefern. Im Folgenden will ich beleuchten, welchen Einfluss Unternehmen auf soziale Netzwerke und ihre Mitglieder haben, wie es um die **personalisierte Werbung** steht und warum Werbung nicht per se etwas Schlechtes ist.

In einer von **Markenlexikon.com** veröffentlichten Statistik wird deutlich, dass allein einige Marken der Dax-30-Unternehmen zusammen über zehn Millionen Fans bei Facebook haben. Spitzenreiter ist Adidas mit über fünf Millionen, etwas enttäuschend dagegen Lufthansa mit „nur" 91 000 Fans. Wenn man sich die Produkte anschaut, werden die Zahlen noch imposanter. Nutella hat zwölf Millionen Fans, Starbucks neun Millionen und selbst Kinderschokolade kommt auf 9,5 Millionen Freunde bei Facebook. In einer Umfrage der *Wirtschaftswoche* vom Mai 2010 gaben allerdings 70 Prozent der Unternehmen an, dass sie am häufigsten den Kurznachrichtendienst Twitter nutzen, 57 Prozent Facebook und 53 Prozent YouTube. Und der überwiegende Teil sagte in der gleichen Befragung aus, dass man dieses Engagement vor allem im Bereich Kommunikation/PR sehe, danach erst folgen Marketing und Kundenmanagement.

Tab. 2.1 Die Tabelle des Dienstes Markenlexikon.com zeigt, wie groß die Zahl der virtuellen Freunde von Marken bereits ist.

Rang	Marke	Markenfans	Fanseiten
1	Nutella	12.540.000	129
2	Disney	10.620.000	109
3	Starbucks	9.900.000	36
4	Kinder	9.530.000	116
5	Coca-Cola	9.330.000	172
6	Google	7.120.000	151
7	Nike	6.970.000	144
8	Converse	5.790.000	45
9	Victoria's Secret	5.620.000	28
10	Pringles	5.140.000	32

Stand: April 2010. Fanseiten mit mehr als 1000 Fans. Zahl der Markenfans gerundet. Quelle: Markenlexikon.com

„Mohnbrötchen, wie immer?"

Geht es um personalisierte Werbung, bringe ich immer gerne ein Beispiel aus meinem Leben an: Wenn ich in meiner Kleinstadt morgens zum Bäcker gehe, dann sagt die Bäckersfrau meistens: „Guten Morgen, Herr Wanhoff, Mohnbrötchen, wie immer?" Meine Bäckerin weiß meinen Namen, ungefähr, wo ich wohne und welche Brötchen ich gerne mag. Sie weiß sogar, dass ich am Wochenende keine Brötchen hole und bisweilen sogar ein Croissant kaufe, dafür aber selten Torten. Sie hat keinen Computer, in dem das alles steht. Sie hat es im Kopf. Trotzdem hat sie letztlich ein Benutzerprofil von mir angelegt. Sie macht das, was auch **Cookies** per Internet machen: schauen, wer ich bin und was ich bislang in ihrem Shop so gemacht habe. Ähnliches passiert mir beim Optiker, beim Autohändler, ja selbst im Supermarkt, wo ich an der Fleischtheke zumindest noch eine Beratung bekomme.

Ich habe die Bäckereifachverkäuferin nicht als Facebook-Freund, aber letztlich erfüllt sie eine ähnliche Funktion: Sie gehört zu meinem weiteren Bekanntenkreis, mit dem ich regelmäßig Kontakt habe (inwieweit sie nur ein **Weak Link** ist, wird in Kapitel 3 näher erläutert). Als Konsument möchte ich verwöhnt werden, ich schätze es, wenn ich in einem Bekleidungsgeschäft gut beraten werde, ich liebe die Empfehlungen meines Buchhändlers.

Wir leben in einer Konsumgesellschaft, die letztlich die Basis unserer Wirtschaft ist. Firmen wollen uns Produkte verkaufen, und wir wollen – aus welchen Gründen auch immer – Produkte kaufen. Je besser ein Unternehmen uns kennt, umso besser kann es uns ein Produkt anbieten. Dazu benötigt es Daten von uns. Was die Bäckerin noch im Kopf kann, schafft Amazon ob der Millionen Kunden nur mit Rechenkraft.

Kritiker meinen nun, dass die Bäckersfrau die Daten in der Regel für sich behält und nicht an andere verkauft. In der Tat mag sie das nicht im kommerziellen Sinne tun, aber in einer Kleinstadt werden Informationen auch im gemeinsamen Tratsch weitergetragen. Großen Unternehmen wird nun immer wieder vorgeworfen, zu viele Daten zu sammeln. Damit steige die Gefahr des Missbrauchs. Das mag sein, nur ist die Gefahr des Missbrauchs ein plumpes Totschlagargument. Damit kann ich alles verbieten, vom Auto bis zum Küchenmesser. Tatsächlich unterliegen Firmen in Deutschland dem Datenschutz, und wie oben beschrieben gehen einige sogar noch darüber hinaus.

Im Folgenden führe ich einige Beispiele an, wie Firmen heute in sozialen Netzwerken agieren und was passiert, wenn Sie ein Fan sind oder einer Gruppe dieser Firma beitreten

Nokia

Der Telefonhersteller Nokia (ich habe versucht, ein besonders verbreitetes Consumerprodukt zu wählen) betreibt Angebote in studiVZ (Nokia Homebase) und hat mehrere Fanpages auf Facebook. Per „Finde ich gut"-Klick werden Nutzer in die studiVZ-Community von Nokia eingeladen. 3 655 Mitglieder hat diese **Community** (Stand 9/2010) und die Nokia Homebase ist selbst Mitglied in 34 Gruppen, die zum einen bestimmte Modelle behandeln, aber auch allgemeinen Charakter haben wie „Ohne Handy? Ohne Mich!". Im Wesentlichen wird die Gruppe als **Kommunikationskanal** genutzt: Es können Supportanfragen gestellt werden, es gibt Informationen über neue Modelle. Wer sich die Kommentare auf der **Pinnwand** durchliest, wird schnell feststellen, dass die Kommunikation in beide Richtungen funktioniert. Es werden nicht stumpfsinnig Pressemitteilungen gepostet und vor allem auch kritische Beiträge nicht gelöscht. Hier treffen Nokia-Besitzer ihren Hersteller in einer recht offenen, zwanglosen Atmosphäre. Wer Mitglied der Gruppe ist, bekommt ab und an Nachrichten geschickt, was es Neues gibt. Wem das nicht passt, kann einfach wieder austreten.

Auf Facebook hat Nokia gar über eine Million Fans. Zwölf Fotoalben zeigen lediglich Produktbilder, auf der Pinnwand werden Beiträge eher sporadisch geschrieben. Mehr Aktivitäten gibt es im Diskussionsbereich. Meist handelt es sich um technische Fragen und Kundensupport. Nokia ist sehr aktiv, wenn es darum geht, die Fotos seiner Mitglieder zu kommentieren. „Nice picture", liest man oft oder gar die Frage, wo es aufgenommen wurde. Fotos spielen eine große Rolle bei Facebook, jüngst wurde gar flickr.com überholt, und das scheint für den Telefonhersteller Grund genug zu sein, Fotos eine besondere Bedeutung zukommen zu lassen. Immerhin wurden bereits über 3 000 Bilder zur Nokia-Seite hochgeladen. Manchmal aus anderen Motiven, wenn z. B. leicht bekleidete Damen bestimmte Dienste anbieten, die wenig mit einem Telefon zu tun haben. Die Finnen scheinen sehr offen zu sein und löschen solche Bilder nicht. Leider sind sie nicht so kommunikativ, wie sie scheinen: Ich habe über Wochen versucht, die Presseabteilung zu kontaktieren, auch die Agentur, die für Nokia die studiVZ-Seiten betreut, hat es versucht – ohne Ergebnis. Meine Fragen wurden nicht beantwortet.

hamburg.de

Sogar Städte präsentieren sich auf Facebook und nutzen Social Media. Die Stadt Hamburg mit ihrem Portal hamburg.de setzt ganz bewusst auf die direkte Kommunikation. „Was gut funktioniert ist die Aktivität innerhalb der Pinnwand. Hier gibt's zu unseren Postings häufig mehr als hundert Kommentare und viele ‚Gefällt mir'-s. Täglich kommen rund 1 500 bis1 800 ‚Likes'", sagt hamburg.de-Geschäftsführer **Georg Konjovic**. Täglich gibt es vom Stadtportal etwa ein bis zwei Beiträge auf Facebook, hinzu kommt noch der Kurznachrichtendienst Twitter. Dort suchen die Hamburger auch nach bestimmten Stichworten: Wer z. B. bei Twitter nach dem Datum des nächsten Hafengeburtstags fragt, hat gute Chancen, von hamburg.de eine schnelle Antwort zu bekommen. Etwa 40 Prozent der Facebook-Fans kommen aus Hamburg, schätzt Konjovic. Insgesamt gibt es 190 000 Fans aus dem deutschsprachigen Raum. „Als Stadtportal haben wir einen Vorteil: Man wird eher Fan von Hamburg als von einer Zahnpasta oder einem Hundefutter."

Lufthansa (LH)

Die deutsche Fluggesellschaft Lufthansa ist ebenfalls sehr aktiv, wenn es um soziale Netzwerke geht. Auf Facebook sagen 91 000 Mitglieder, dass sie die Lufthansa mögen. Kurzweilig sind die Beiträge, wenig PR, meist Community-orientiert. Wenn der A380 einen Sonderflug macht, werden vom LH-Team die neuesten Bilder, Videos und Beiträge umgehend auf die Pinnwand geschrieben.

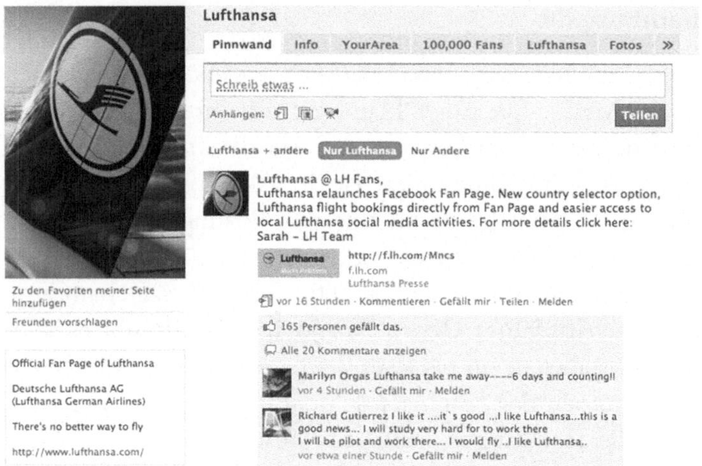

Abb. 2.3   Lufthansa-Fanpage auf Facebook. Abdruck mit freundlicher Genehmigung.

Marco Dall'Asta ist bei der Lufthansa für die Online-Kommunikation zuständig. Gefragt, warum sich eine Fluggesellschaft wie die LH überhaupt in sozialen Netzwerken engagiert, antwortet er: „Unsere Kunden haben sich und ihr Kommunikations-/Interaktionsverhalten verändert (Stichwort: „Digital Natives"), darauf müssen wir uns auch als Unternehmen einstellen, um auch in Zukunft ihr Gehör zu finden. Wir gehen also dahin, wo auch unsere Kunden sind." Auf Facebook sei man vertreten, weil sich dort die größte Bandbreite an Nutzern und potenziellen Kunden versammele. Schon die schiere Größe und weltweite Verbreitung des Netzwerks seien ein wichtiges Argument. studiVZ hingegen biete den Vorteil einer geschlossenen Zielgruppe auf einer Plattform, mit der man sehr gezielt kommunizieren könne. Das Engagement von Lufthansa in **Social Media** ist für das Unternehmen die Pflege der Marken- und Kundenbeziehung. Social Media ermögliche der Lufthansa „das ganze Spektrum an Interaktion", die – wo geboten – bis zur individuellen Kommunikation mit einzelnen Fans gehe. Bei allgemeinen Fragen profitierten dann auch andere User von Antworten und Informationen. Information ist gut, Datenkontrolle besser. Was macht die Lufthansa mit den Daten, die aus den sozialen Netzwerken generiert werden? Dall'Asta: „Transparenz ist oberstes Gebot, daher muss der Nutzer erst einmal Lufthansa aktiv, also freiwillig und aus eigenem Antrieb, Daten geben. Diese werden auch nur dann genutzt, wenn die Zustimmung des Users vorliegt, z. B. dass er den Newsletter beziehen möchte. Ansonsten stellen die Netzwerke demografische Daten über die Zielgruppen zur Verfügung. Darüber hinaus ermöglichen sie einen direkten Kontakt und die unmittelbare Übermittlung von Botschaften."

Wer so groß ist wie die LH hat nicht nur Freunde, auch wenn dies in sozialen Netzwerken so heißen mag. Gerade Kritiker nutzen öffentliche Plattformen, um sich zu beschweren, Mängel und Fehler aufzuzeigen oder bisweilen auch nur herumzumotzen. Die Flieger sind da sehr entspannt. „Lufthansa stellt sich der Kritik der User. Grundsätzlich werden keine Beiträge gelöscht, es sei denn, es handelt sich um rassistische, sexistische oder andere unangebrachte Inhalte. In solchen Fällen löschen wir transparent, unter anderem auch noch einmal unter Hinweis auf unseren „Code of Conduct" bzw. die auslösende Interaktion. Daher steht ein Löschen von Beiträgen in der Regel nicht in Zusammenhang mit der geäußerten Kritik, sondern vielmehr mit der Art, wie sie vorgebracht wird. Gegebenenfalls bitten wir den User auch darum, den Beitrag nochmals in ‚anderer, sprachlich angemessener‘ Form zu wiederholen. Mit diesem Vorgehen wollen wir einen respektvollen Umgang miteinander und die Befolgung von Grundregeln zwischenmenschlicher Interaktion sichern – und die Bereitschaft zum Feedback erhalten, denn jede angemessene Form der Kritik hilft uns, Schwachstellen zu identifizieren und unsere Produkte und unseren Service zu verbessern.“

Letztlich betreibe man in den sozialen Netzwerken Markenpflege. „So soll bei möglichst vielen Menschen durch den Kontakt auch über Social Media ein positives Image mit der Marke Lufthansa entstehen.“

Die **Hotelkette Dorint** ist ein noch recht junges Facebook-Mitglied. Bislang sind die Zentrale und die Hotels allgemein bei Facebook und Twitter, bald aber soll jedes Hotel sein eigenes Blog bekommen. Das Ziel: „Wir wollen mehr Transparenz bieten und die Menschen hinter den Kulissen vorstellen. Wir bieten eine Fülle von Informationen und Neuigkeiten rund um Dorint und die Hotels & Resorts“, sagt Pressesprecher Kaspar Müller-Bringmann. Man will mit den Fans und Freunden „offen und ehrlich kommunizieren“. Dabei sei eine freundschaftliche Basis sehr wichtig. Qualität stehe hier vor Quantität: Die Menge der Fans sei nicht entscheidend, im Mittelpunkt stehe die offene und ehrliche Beziehung.

Im Gegensatz zu klassischer PR sei der Stil auf Facebook lockerer, die Informationen würden in einer eigenen Form präsentiert. In der Tat lesen sich Kommentare wie „I kumm glei owi und lern da estrreichisch, dann wirst a echta Franzl“ sehr locker. Auch wenn es offenbar sehr enge Freunde und Angestellte der Hotelgruppe sind, die dort schreiben: Es ist ein Anfang, sich mit dieser neuen Form der Marketing-Kommunikation auseinanderzusetzen.

Jedes Haus habe seinen eigenen Stil entwickelt, auch die Themen seien von Haus zu Haus verschieden und speziell auf das Hotel und seine Gäste abgestimmt. So stünden beispielsweise im Dorint Royal Golfresort & Spa Camp de Mar/Mallorca Golfturniere und Partys im Mittelpunkt. Angesprochen werden dabei Prominente und das Lifestyle-Publikum. Dagegen spricht das Dorint Resort & Spa Bad Brückenau eher die lockeren Wellness-Gäste an und dies mit einem sehr klassischen Touch.

Warum schreibt Dorint Hotels & Resorts in der Ich-Form? „Diese Form wird einfach verwendet, um die Zuordnung zu erleichtern. In Zukunft soll auch gekennzeichnet werden, von wem welches Posting stammt. Da die Teams pro Hotel teilweise aus sechs Personen bestehen,

Abb. 2.4 Die Facebook-Seite der Dorint Hotels. Abdruck mit freundlicher Genehmigung.

ist eine Zuordnung sonst nicht möglich. Alle ‚Gemeinschaftsthemen' aber werden allgemein geschrieben", sagt Kaspar Müller-Bringmann. In der Planung sind ein hauseigenes Bewertungsportal mit Community Building auf allen Hotelseiten, Local Based Services und eine exklusive Partnerschaft mit Groupon sollen den Streueffekt in Social Networks erhöhen.

Personalisierte Werbung: Wie erfolgreich ist sie?

Wir kennen es vor allem aus den Suchmaschinen: Da suchen wir nach Angeboten für einen Fiat Panda, Baujahr 1997, und plötzlich tauchen in der rechten Spalte der Ergebnisseite lauter Anzeigen von Autohändlern auf, und alle verkaufen Fiat Pandas. Googles Rechner scannen die Suchabfrage und schauen nach passender Werbung. Diese wird dann angezeigt. Dieses Geschäft macht noch immer über 90 Prozent der Umsätze aus, die das US-Unternehmen macht. Und da Google viel Geld verdient, scheint die Werbung auch zu funktionieren.

Zumindest kommt sie beim Leser an: „Den deutschen Internet-Nutzern fallen diese personalisierten Werbeformen durchaus auf, so das Ergebnis der aktuellen W3B-Studie, in deren Rahmen über 120 000 deutschsprachige Internet-Nutzer befragt wurden. 52 % der Nutzer geben an, dass ihnen mindestens einmal pro Woche personalisierte Werbung im Internet auffällt."[22] Das Problem ist nur:

---

[22] http://www.w3b.org/nutzungsverhalten/nutzer-lehnen-personalisierte-werbung-ab.html.

Die gleiche Studie kommt zu noch einem anderen Schluss: „Doch die potenziell positive Wirkung personalisierter Online-Werbung hat auch ihre Schattenseiten: Sie stößt bei ganz erheblichen Nutzeranteilen auf Ablehnung! Dies gilt insbesondere für personalisierte Online-Werbung, die jeder zweite Nutzer ablehnt. Persönlichen Produktempfehlungen steht im Vergleich dazu lediglich jeder Vierte kritisch gegenüber." Herausgegeben wird die Studie von der Fittkau & Maaß Consulting GmbH.

Nun ist es natürlich eine Sache, Leute zu fragen, ob ihnen etwas gefällt, und daraus zu schließen, dass es nicht funktioniert. Fragen Sie mal, ob Leute eine Waffe kaufen würden oder ob Sie der Meinung sind, dass zu viele Kartoffelchips dick machen können. Die Antworten sind klar, und trotzdem verkaufen sich Kartoffelchips und Waffen noch immer sehr gut.

Die Studie schließt denn auch mit dem Rat: „Die Herausforderung der Zukunft für Werbetreibende und -träger ist somit: Sie haben die Gratwanderung zwischen Nutzer-Akzeptanz einerseits und -Reaktanz andererseits zu meistern – damit die erfolgversprechende personalisierte Online-Werbung auch tatsächlich weiterhin zum Erfolg führt."

Auch Facebook macht einen nicht unwesentlichen Umsatz mit Werbung, und auch diese ist teilweise personalisiert. Geschätzt wird ein Gesamtumsatz von 800 Millionen Dollar, manche gehen von einer Milliarde Dollar in 2010 aus. Facebook ist (noch) eine private Firma und nicht zur Veröffentlichung von Unternehmenszahlen verpflichtet. Dennoch gehen Analysten davon aus, dass der Werbeanteil der größte am Umsatz ist. Auch hier gilt: Unternehmen würden den Dienst nicht benutzen, wenn sie keinen Erfolg hätten. Insofern sprechen die Zahlen eine klare Sprache: Im Grunde genommen funktioniert personalisierte Werbung, auch wenn sie nicht jedem gefällt.

Es hat aber auch noch einen anderen Grund, warum Firmen eine engere Beziehung zum Konsumenten aufbauen wollen: Dieser ist nämlich selbst eine Art Werbeträger.

„Persönliche Empfehlungen von Bekannten, aber auch anonyme Bewertungen im Internet, genießen bei Konsumenten weltweit das höchste Vertrauen. Anders als in anderen Ländern haben in Deutschland auch redaktionelle Inhalte einen guten Ruf", lautet die Zusammenfassung einer Nielsen-Studie aus dem Jahr 2009. Und weiter: „Weltweit vertrauen 90 % der Konsumenten Empfehlungen von Bekannten, in Deutschland sind es 89 %. An zweiter Stelle des Rankings liegen redaktionelle Inhalte, ihnen vertrauen 76 % der Deutschen, gefolgt von Online-Konsumentenbewertungen mit 67 % (weltweit 70 %)."[23]

Deswegen also sind soziale Netzwerke so wichtig für Unternehmen. Und deswegen wollen soziale Netzwerke möglichst viele Teilnehmer haben. Schlicht, weil damit ein großes Geschäft zu machen ist. Und das ist gut so: Denn auch wir profitieren als Konsumenten von besseren Produkten.

Ein kleines Beispiel: Eine Bekannte von mir ist 65 Jahre alt, hat einen Laptop, kann Office bedienen und E-Mails schicken. Nicht weil sie das gerne macht, sondern weil es ihr Vorteile bringt, z. B. mit ihren Freunden in Kontakt zu bleiben. Sie ist alles andere als ein Technikfreak. Nun kamen Freunde aus Amerika zu ihr und zeigten ihr ihr **iPad**. Sie erklärten kurz, was das ist, dass man damit auch E-Mails lesen

---

[23] http://www.de.nielsen.com/site/pr20090724.shtml.

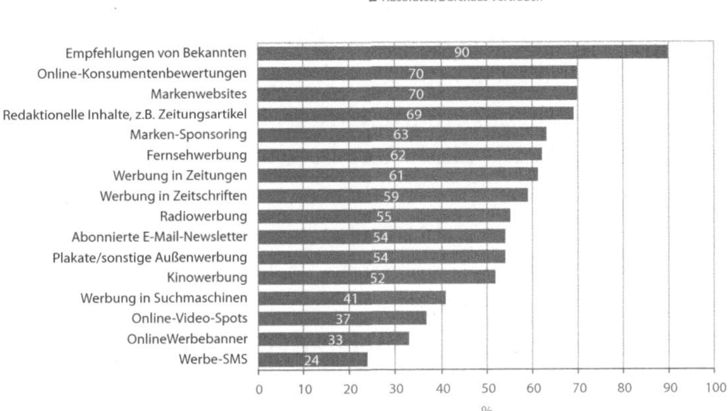

Abb. 2.5 Umfrage zum Vertrauen in Werbeformen. Abdruck mit freundlicher Genehmigung von Nielsen Consumer Confidence Survey 2009.

und schreiben kann, und schon war meine Bekannte hin und weg. Sie wäre von sich aus niemals auf die Idee gekommen, sich ein iPad zu kaufen. Dank der Freunde wird Apple nun ein weiteres iPad verkaufen, ohne dafür einen Cent an direkter Werbung ausgegeben zu haben. (Gerade **Apple** ist ein gutes Beispiel für den Erfolg von persönlichen Empfehlungen. Lange Zeit hat Apple kaum Anzeigen geschaltet und sich ganz auf die Mundpropaganda verlassen – mit Erfolg.)

Es geht sogar noch weiter: Eine Studie von eMarketer[24] beschreibt, dass 41 Prozent der befragten Personen

---

[24] http://www.emarketer.com/Articles/Print.aspx?1007630.

(Facebook-Nutzer) Fanpages nutzen, um Freunden zu zeigen, welche Produkte sie mögen. Die Studie zeigt auch, dass in den USA vor allem die hispoamerikanische Bevölkerung Facebook als Werkzeug für die Produktsuche nutzt.

Eine von der PR-Agentur Hotwire und von Vanson Bourne 2010 durchgeführte Untersuchung[25] in fünf europäischen Ländern fand heraus, „dass Männer offener gegenüber Online-Empfehlungen eingestellt sind als die weiblichen Befragten. Dafür sind Frauen, sollten sie eine Online-Empfehlung annehmen, schneller bereit, dieses Produkt auch zu kaufen."

„Die Studie zeigt, dass **Social Media** und die daraus resultierenden Empfehlungen für Produkte oder Marken genauso wichtig werden wie traditionelle Empfehlungen aus dem Freundeskreis", sagt Ute Richter, Managing Director von Hotwire Deutschland. „Je besser und vor allem interaktiver Unternehmen im sozialen Netzwerk aufgestellt und vernetzt sind, desto höher ist die Wahrscheinlichkeit, dass dort Empfehlungen über ihre Produkte oder Dienstleistungen kommuniziert werden."

Nun kann man natürlich die Frage stellen, ob die Empfehlungen nicht einfach aus der Offline-Welt (wie im obigen Beispiel) einfach auf die Online-Welt übertragen werden. Dem ist natürlich so. **Peer-to-Peer-Empfehlungen** sind nichts Neues. Den Unterschied macht die Masse: Sie haben online wesentlich mehr Freunde, mit denen Sie über Statusmeldungen und Nachrichten Kontakt haben, wenn Sie soziale Online-Netzwerke öfter nutzen.

---

[25] http://www.hotwirepr.de/konsumenten-im-internet-manner-vergleichen-frauen-kaufen/.

Das Portal konsumgoettinnen.de z. B. setzt voll auf die Macht der Verbraucher. Die PR-Fachleute haben eine kleine Community aufgebaut, in der die Teilnehmer Produkte testen und darüber Berichte schreiben. Sie können an Gewinnspielen teilnehmen und über Produkte diskutieren. Dabei setzt man weniger auf Offenheit als auf Verbundenheit. „Bei uns stellen die Userinnen nicht irgendeine Produkt- oder Service-Bewertung ein, sondern können sich gezielt bewerben, Produkte kennenzulernen, zu testen, um sie dann zu bewerten und weiterzuempfehlen. Das heißt, wir steuern den Inhalt, während bei den Bewertungsplattformen jeder irgendetwas reinschreiben kann", erklärt Geschäftsführerin **Erika Backhaus.**

Ein Vorteil der Plattform sei, dass gezielt ein Produkt bewertet würde und Tausende von Frauen wissen wollen, wie das Produkt bewertet wurde, auch als Grundlage für eine Kaufentscheidung. Bei den **Bewertungsportalen** würden die einzelnen Berichte wahrscheinlich von sehr viel weniger Usern gelesen. Dabei seien die Konsumgöttinnen eigentlich keine Community, weil es nur begrenzt Austausch untereinander gibt. Was aber aufgebaut wird, sind Beziehungen zu Produkten. Erika Backhaus beschreibt das so: „Die Beziehung zum Produkt/zur Marke oder zum Service, den wir vorstellen, würde ich so beschreiben: Die intensive Beschäftigung mit einem Produkt oder einer Marke kreiert grundsätzlich *empowered involvement* (so nennt es Martin Oetting und ich finde den Begriff sehr passend). Das heißt, man bekommt das Produkt mit dem Auftrag ‚es zu testen'; das ist die erste positive Ansprache. Dann bekommt man ausführlichere Informationen über dieses Produkt als andere Verbraucher, das ‚erhöht die Person', und schließlich soll man eine ‚eigene‘ Botschaft möglichst vielen mitteilen, man wird zum ‚Meinungsbildner‘. Das heißt, Konsumgöttinnen sehen und beurteilen die Produkte nicht ‚neutral‘, sondern subjektiv positiv. Unser Ziel ist es auch nicht, eine der Wahrheitsfindung dienende Testplattform zu sein, sondern eine Plattform, die gezielt Mundpropaganda in der richtigen Zielgruppe initiiert.“ Letztlich bringe es eine Reichweite in der richtigen Zielgruppe: „Wenn 150 Konsumgöttinnen Fettzellenentleerung ausprobieren, heißt das, dass ungefähr 60 000+ Gespräche unter Frauen über Fettzellenentleerung im Aktionszeitraum von ca. 2 Monaten geführt werden.“

Gerade der PR wird gerne unterstellt, es mit der Wahrheit nicht so genau zu nehmen, was ich selbst als ehemaliger PR-Berater entschieden zurückweisen kann. PR biegt keine Wahrheit, sondern versucht positive Eigenschaften darzustellen. Sie hat eine Position – das unterscheidet den PR-Artikel von dem in der Tageszeitung. Gleichwohl zeigt obiges Beispiel, wie klassische Grenzen verschwimmen. Der Kunde oder Community-Teilnehmer schreibt plötzlich die PR-Texte selbst. Da wir ja alle Freunde sind in sozialen Netzwerken, scheint sich auch der Ton zu ändern: Unternehmen versuchen weniger distanziert zu agieren, mehr auf Augenhöhe und Wellenlänge der Konsumenten.

Ein Beispiel, wie man sich eben keine Freunde macht, ist Nestlé. Der Lebensmittelkonzern war zur Zielscheibe von Greenpeace geworden, weil er angeblich zu viel Palmöl verwendet, für das wiederum Regenwälder abgeholzt werden. Auf der Facebook-Fanpage brach ein Sturm der Entrüstung los. Dabei ging es aber gar nicht um den Regenwald. Irgendein **Community-Manager** verbat sich satirische Abwand-

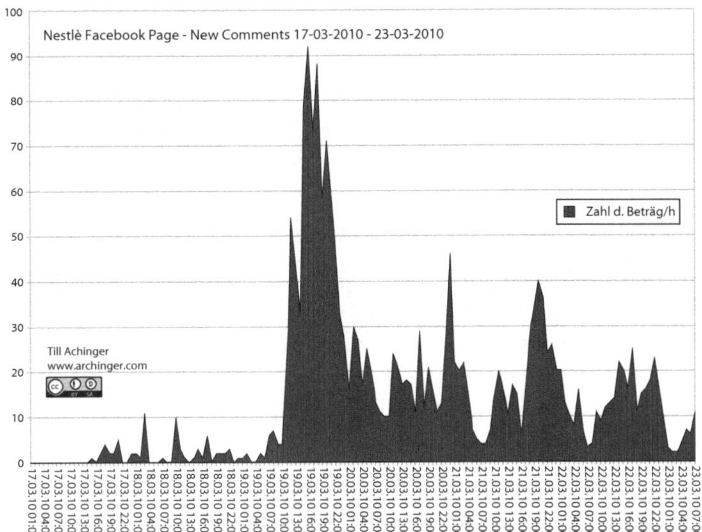

Abb. 2.6 Der Berater Till Achinger (www.achinger.com) hatte sich die Mühe gemacht, die Zahl der Kommentare bei Nestlé in eine Grafik einzubinden. Sie zeigt, wie ein Sturm der Entrüstung losbrach, welche Ausmaße das hatte und wie sich das zahlenmäßig hohe Niveau noch einige Zeit hielt. Abdruck mit freundlicher Genehmigung.

lungen des Nestlé-Logos. Als Kommentatoren versuchten, das Thema herabzuspielen, wurde der Unternehmenssprecher sogar noch patzig: „Thanks for the lesson in manners. Consider yourself embraced." Ein guter Ton unter Freunden? Ein guter Ton zwischen Unternehmen und Kunden?

BP ging noch einen Schritt weiter: Man hübschte ein Foto auf, das eine Monitorwand zeigte. Offenbar wollte man darstellen, dass man an der sprudelnden Ölquelle alles im Griff habe. Weil einige Monitore schwarz waren, hat ein Fotograf mithilfe von **Photoshop** nachträglich Bilder der Katastrophe eingefügt. Das wiederum fiel einem Blogger auf und binnen eines Tages verbreitete sich dies über soziale Netzwerke. Eine PR-Panne, die BP zu dieser Zeit nun wirklich nicht auch noch brauchen konnte.

Der PR-Experte **Klaus Eck** versucht Unternehmen zu erklären, wie sie sich am besten in sozialen Netzwerken darstellen und verhalten. Gefragt, ob Unternehmen auch mal lügen, sagt er: „Es ist gar nicht so sehr das Problem, dass Unternehmen auf ihren Fanpages lügen, sondern eher problematisch, dass sie gar nicht richtig mit den Reaktionen ihrer Kunden umgehen können. Es fehlt an der Kommunikationsfähigkeit. Viele Mitarbeiter, die öffentlich für ein Unternehmen auftreten sollten, verstehen nicht, dass sich das Berufliche und Private immer mehr miteinander vermischen. Und dass sie den Begriff ‚Freundschaft' zumindest online und ganz besonders auf Facebook vergessen können.

Niemand sollte für sein Unternehmen lügen. Das kann niemand verlangen und würde sogar gegen das Arbeitsrecht verstoßen. Außerdem schadet es der persönlichen Karriereentwicklung und bleibt haften.

Allerdings geht es um Loyalität und wie ich selbige zeige. Ein digitales Make-up (Aufhübschen des Images) funktioniert immer nur kurzfristig. Dafür müssen und mussten Unternehmen in der Vergangenheit einen hohen **Reputationspreis** entrichten. Wer einmal lügt, dem glaubt man auch und erst recht in Social Media nicht mehr. Je nach Grad der Lüge wird das die Glaubwürdigkeit und Reputation nachhaltig beeinträchtigen. Ein solches Risiko ist es nicht wert, sich für kurzfristige Effekte mit Lügen über ein Problem hinwegzuhelfen.

Ein Unternehmen kann sich online nur gut präsentieren, wenn die Mitarbeiter ihre Persönlichkeit mit einbringen, authentisch wirken und als Markenbotschafter in Social Media aktiv werden. Das erfordert bei Unternehmen mehr Mut zur Transparenz. In der Regel profitieren sie davon, weil sie dadurch ihre Arbeit besser nachvollziehbar machen und glaubwürdiger in ihrem Tun werden."

Die beste Zeit für Unternehmen, mit Kunden zu kommunizieren, ist laut einer Studie der Social-Media-Berater Vitrue übrigens morgens. Auch wenn wir selbst am Nachmittag am aktivsten in sozialen Netzen sind, so sind wir wohl am Vormittag besonders aufmerksam. Andere Studien haben aber auch gezeigt, dass Nutzer vor und nach der Arbeit ebenfalls aktiv sind. Das sind schlechte Nachrichten für die Mitarbeiter der PR-Abteilung: Feierabend um 17 Uhr hat sich damit wohl erledigt.

Wenn Unternehmen uns als Kunden ernst nehmen, dann sind wir auch zu einer Form der Zusammenarbeit bereit, bewusst oder unbewusst – sei es das Schreiben von Rezensionen, das Bewerten von Produkten oder gar öffentliche Konversationen auf virtuellen Pinnwänden. Unsere Beziehung zu Unternehmen hat sich durch technische Möglichkeiten verändert. Wir sind gerne Teil einer Marketingkampagne, wenn uns persönlich Produkt und Firma gefallen und man uns ernst nimmt.

Die Empfehlungen haben aber auch Grenzen, z. B. wenn es darum geht, anderen Filme ans Herz zu legen. Die US-Firma Ipsos OTX MediaCT wollte wissen, was dran ist am sogenannten **Twitter-Effekt**. Dieser soll der Grund sein, warum bisweilen unbedeutende Filme plötzlich Erfolg haben: Sie würden nämlich massenhaft über soziale Online-Netze empfohlen. Laut der Ersteller der Studie ist dies nicht der Fall. 48 Prozent der 24000 Befragten gaben an, sie würden die meisten Informationen noch immer über Freunde und die Familie erhalten, und zwar in Gesprächen von Angesicht zu Angesicht. Weitere 16 Prozent bekommen Vorschläge meist von ihren Arbeitskollegen. Facebook spielt da wohl schon eine größere Rolle, immerhin sagten elf Prozent, sie würden dort über Filme schreiben. Am ehesten erfahren die Befragten durch Vorschauen und Werbung von neuen Filmen.

Die Studie zeigt, dass die sozialen Netzwerke zwar ihren Platz haben, aber bisweilen auch überbewertet sind. So wie immer noch viele Menschen Tageszeitungen lesen und Radio hören, kommunizieren die meisten noch immer über klassische Kanäle. Dennoch steigt die Zahl derer, die soziale Medien nutzen, und deshalb versuchen Unternehmen eben alle Kommunikationskanäle zu benutzen, neue wie alte.

Wie gehen Unternehmen intern mit Facebook um?

Eine Untersuchung in Deutschland hat im Herbst 2010 gezeigt, dass 30 Prozent der großen Unternehmen Facebook für Mitarbeiter gesperrt haben. Die Gründe dafür sind vielfältig: Sie reichen von der Angst vor Spionage bis zu befürchteter Zeitverschwendung. Ersteres mag in der Tat ein Problem sein. Wenn z. B. ein Mitarbeiter auf seiner privaten Facebook-Seite berichtet, an was er gerade arbeitet, können Mitbewerber das hochinteressant finden. Manchmal reicht es schon aus mitzuteilen, in welcher Abteilung man arbeitet, um der Konkurrenz wertvolle Hinweise zu geben. (Wer z. B. „3-D-Development Mobile Phone, Firma X" angibt, sagt damit, dass seine Firma an 3-D-Umgebungen für Telefone arbeitet. Das kann aber noch ein Geheimnis sein.) In einem Bericht der *Wirtschaftswoche* wurde der Sicherheitsdienst Kaspersky angeführt, der glaubt, das soziale Netzwerk sei heute ein Haupteinfalltor für Angreifer, so wie es bislang E-Mails waren. Der gleiche Bericht zitiert aber auch Unternehmen wie Daimler, die „aus Produktivitätsgründen" den Zugang zu sozialen Online-Netzwerken einschränken. Einer Studie der Internetsicherheitsfirma Clearswift zufolge riefen mehr als 30 Prozent der Deutschen im Büro soziale Netzwerke auf. 30 Prozent der Unternehmen befürchten deshalb auch geringere Produktivität.

Während das Thema Sicherheit zu Recht große Beachtung findet und in Unternehmen nicht unterschätzt werden sollte, ist das Argument der geringen Produktivität umstritten. Das Klischee der Farmville-spielenden Sekretärin oder des Mafia Wars zockenden Sachbearbeiters muss nicht die Realität zeigen. Palo Alto, eine Netzwerkfirma in den USA, hat in seinem *Application Usage and Risk Report* im Oktober 2010 herausgestellt, dass Mitarbeiter bei Facebook und Co. zumindest während der Arbeitszeit gar nicht so aktiv sind, wie man meint.[26] Die meisten würden sich eher passiv verhalten und Nachrichten lesen. Die Firma hatte den Datenverkehr von 723 Firmen und Organisationen untersucht. Interessant zum einen war, dass in 93 Prozent der Fälle Webseiten wie Twitter und Facebook benutzt wurden,

---

[26] Palo Alto Networks (2010): *The Application Usage and Risk Report An Analysis of End User Application Trends in the Enterprise*, 6. Aufl.

auch wenn es angeblich Firmenregeln gab, die das untersagten oder aber gar Sperrungen eingerichtet wurden. Diese scheinen nicht wirklich zu wirken. 69 Prozent derer, die Facebook aufgerufen haben, lasen dort nur Nachrichten. Gespielt haben gerade einmal vier Prozent, und eigene Inhalte hochgeladen hat nicht einmal ein Prozent.

Nun kann auch das Lesen von Nachrichten Zeitverschwendung sein, allerdings sei hier angemerkt, dass wir nun einmal in einer **Kommunikationsgesellschaft** leben. Das Verarbeiten eines ständig fließenden Nachrichtenstroms gehört heute zum Alltag. Was früher das Büroradio war, ist heute der Computer. Es sollte in Firmen statt Sperrungen und rigider Regeln eine Weiterbildung der Mitarbeiter stattfinden, was die Nutzung von sozialen Netzwerken betrifft. Denn wer liest, liest vielleicht auch Nachrichten von Mitbewerbern und kann seinem Vorgesetzten wertvolle Informationen geben. Wer in einer Firma versucht nicht, Informationen vom Mitbewerber zu bekommen? Über soziale Netzwerke ist das heute sogar einfacher. Letztlich sollte das Motto gelten: Veröffentliche als Mitarbeiter so wenig wie möglich, aber versuche so viele Informationen wie möglich zu bekommen.

3

Von Freundschaften zu Fans und Friends

In einem Beitrag für das *Handbuch persönliche Beziehungen* schreibt Nicola Döring, dass es eine **Mediatisierung** zwischenmenschlicher Interaktionen und Beziehungen gäbe. Dabei unterscheidet sie zwischen parasozialen Beziehungen zu Medienfiguren (z. B. Helden in einem Computerspiel), Online-Beziehungen zwischen Internetnutzern und mediatisierter Kommunikation in Offline-Beziehungen (also E-Mails, SMS, Telefonate). Für die Online-Beziehungen beschreibt sie ein interessantes Phänomen: „Während das beiläufige Kennenlernen in Offline-Gemeinschaften maßgeblich durch räumliche Nähe und körperliche Attraktivität bestimmt ist, finden in Online-Gemeinschaften Menschen nicht selten aufgrund kommunikativer Übereinstimmung zusammen, trotz geografischer Distanzen, und oftmals ohne genau zu wissen, wie sie aussehen und ob sie sich möglicherweise hinsichtlich sozialer Merkmale stark unterscheiden."[1]

Gustuavo Mesch und Ilan Talmud haben die Freundschaften von Jugendlichen in Israel untersucht. Die Tiefe

---

[1] Aufsatz von Nicola Döring, in: Karl Lenz, Frank Nestmann (Hrsg) (2009): *Handbuch Persönliche Beziehungen*, S. 653.

einer Freundschaft hängt ihnen zufolge von ähnlichem sozialem Umfeld, Inhalt der Kommunikation und Aktivität ab. Wichtig ist aber auch, wie lange die Freundschaft schon besteht. Internetfreunde sind noch keine engen Freunde, weil diese Freundschaften meist neu sind, man wenig gemeinsam unternommen hat und auch die Zahl der Konversationen noch gering ist.[2]

Wie ist das also mit Freunden im Internet? Können wir uns darauf verlassen? Sollten wir, wie PR-Berater Klaus Eck rät, uns besser gar nicht auf Netzwerkfreundschaften verlassen (wenn wir für ein Unternehmen sprechen)? Sollte diese Vorsicht auch im Privaten gelten? Ich möchte zunächst einmal darlegen, was Freundschaften überhaupt sind, und anschließend den Versuch unternehmen, zwischen realen und virtuellen Freundschaften zu unterscheiden. Dass es dabei Schnittmengen gibt, ist mir durchaus bewusst.

Die Bedeutung von Freundschaften

Bereits die alten Griechen wussten Freundschaften zu schätzen. Für den Philosophen Aristoteles waren sie gar das Fundament des Staates. Sie waren eng verbunden mit dem Wohlwollen: Wer im Staat etwas werden wollte, brauchte das Wohlwollen, und das wiederum war aufgebaut auf Freundschaft. Die Philia (was im Übrigen auch mit Liebe übersetzt wird) kategorisiert er in Freundschaften unter Gleichen und solche unter Ungleichen. Erstere

---

[2] Gustavo Mesch, Ilan Talmud (2006): The quality of online and offline relationships, the role of multiplexity and duration. *The Information Society* 22(3).

beschreibt das Verhältnis zwischen ebenbürtigen Bürgern, weiter unterteilt in Nutzen, Lust und Tugend. Die ersten beiden sind vergänglich oder können vergänglich sein, während die Tugendfreundschaft jene ist, die bisweilen ein Leben lang hält.

Die Freundschaft unter Ungleichen beschreibt das Verhältnis zum Staat, aber auch zwischen Generationen. Dabei sind Respekt und Ehre im Spiel. Diese Freundschaft ist nicht wirklich selbst gewählt.

Im Mittelalter bekam die Freundschaft in den Heldenliedern eine romantische Konnotation, etwa die Beziehung zwischen Roland und Oliver im *Rolandslied*. Überhaupt hält vor allem die Literatur das Bild der Freundschaft in seiner emotionalen Komponente hoch. Otto von Bismarck soll gesagt haben: „Ein bisschen Freundschaft ist mir mehr wert als die Bewunderung der ganzen Welt." Dieser hohe moralische Wert der Freundschaft hat sich bis heute erhalten. Wir *kündigen* eine Freundschaft auf, als ob es ein offizieller Akt sei, und geben diesem Handeln damit eine besondere Bedeutung mit einem quasi vertraglichen Charakter.

Der Pädagoge Prof. Dr. Hans Reinders beschreibt in einem Aufsatz zur Freundschaft im Jugendalter[3]: „Freundschaften können als biographische Konstante bezeichnet werden, deren Funktion ebenso unersetzlich ist wie jene der Familie. Beide – Familie und Freunde – geben soziale und emotionale Unterstützung, bieten Hilfe und sind gleichsam Quelle freudvoller Aktivitäten sowie von Konflikten, Ängsten oder Verletzungen. Als ein wesentlicher Unterschied

---

[3] Dr. Heinz Reinders: *Freundschaften im Jugendalter.* www.jugendforschung.de.

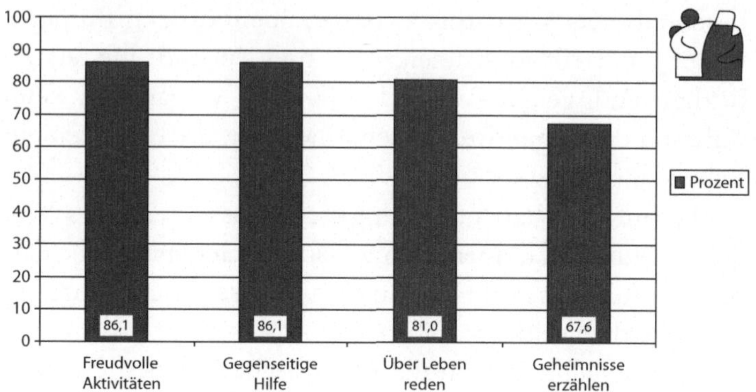

Abb. 3.1 Was Jugendliche über Freundschaften denken. Abdruck mit freundlicher Genehmigung.

zwischen Familienbeziehungen und Freundschaften muss aber angesehen werden, dass Freundschaften auf freiwilliger Basis beruhen."

Weiter heißt es: „Insgesamt kann festgehalten werden, dass für Jugendliche eine Person dann als Freund bezeichnet wird, wenn es Spaß macht, mit ihm oder ihr die Zeit zu verbringen, wenn man das Gefühl hat, sich auf den anderen verlassen zu können und Geheimnisse beim Freund gut aufgehoben sind. Damit übernehmen Freundschaften im Jugendalter eine wichtige Rolle bei der Bewältigung bestehender Probleme und stellen in der Regel eine wichtige soziale Ressource dar, die die Funktionen der Familie teilweise ergänzt und teilweise ablöst."

Das sind die Bestandteile des Freundschaftsbegriffs, mit denen wir sozialisiert werden: Spaß, Hilfe, Geheimnisse. Daran möchte ich den in den folgenden Abschnitten die Beziehungen, die in sozialen Online-Netzwerken geknüpft werden, messen. Entstehen dort wirklich Freundschaften? Oder können Freundschaften online weitergeführt werden? Oder konkreter: Vertraue ich meinen Online-Freunden ein Geheimnis an?

Definitionen: Was sind Freunde, Friends, Fans und Kontakte?

Freunde und Friends

Wir kennen in unserem Sprachgebrauch das Zitat „11 Freunde müsst Ihr sein", wenn es um erfolgreichen Fußball geht (zumindest zu Sepp Herbergers Zeiten). Es zeigt eigentlich ganz gut, wie der Freundschaftsbegriff eben nicht nur die Tugend, sondern auch die Nutzenkomponente hat: Erfolg gibt es nur, wenn es eine besondere Beziehung zwischen den Betroffenen gibt.

Meine Generation hat den **Freundschaftsbegriff** vor allem durch die Darstellung in Poesiealben definiert: Wem ich ins Album schreiben durfte, war mein Freund (oder besser Freundin). Männliche Jugendliche sahen Freunde meist in der Clique, nicht selten war der erste beste Freund derjenige Nachbarsjunge, mit dem man morgens gemeinsam zur Schule lief.

Mit den sozialen Online-Netzwerken wurde dieser Begriff aufgeweicht: studiVZ spricht ganz klar von Freunden, die man im Netzwerk hat. Bei Facebook sind es Friends oder Fans. Lediglich wer-kennt-wen spricht von Leuten. Und das Business-Netzwerk XING spricht von Kontakten.

Der englische Begriff *friend* hat im Deutschen zwei Bedeutungen: Er meint zum einen den (flüchtigen) Bekannten, zum anderen auch den Freund in dem Sinne, wie wir ihn verstehen. Das *Oxford Dictionary* definiert den *friend* wie folgt: „a person with whom one has a bond of mutual affection, typically one exclusive of sexual or family relations." Das ist wichtig zu wissen, denn in den deutschsprachigen Netzwerken wurde der englische Begriff eingedeutscht, ohne dass man sich der doppelten Bedeutung bewusst war – oder ohne dies als Problem zu sehen.

In einem Aufsatz im *Journal für Psychologie* geht Horst Heidbrink zum einen auf die oben erwähnte Begriffsproblematik ein, beschreibt aber auch Freundschaft und das Freund-Werden als Prozess: „Die erste Verabredung oder Einladung stellt einen entscheidenden Schritt auf dem Weg zu einer Freundschaft dar. Wenn wir eine Einladung aussprechen, offenbaren wir dem anderen unser Interesse an ihm. Gleichzeitig können wir aber nicht sicher sein, ob dieses Interesse geteilt wird. Wir gehen also ein gewisses Risiko ein, beim anderen auf Desinteresse zu stoßen. In vielen Fällen handelt es sich bei der ersten Einladung um ein gemeinsames Essen – zu Hause oder in einem Lokal. Hierbei werden persönliche Informationen ausgetauscht, wobei dies meist eher vorsichtig geschieht. Man will etwas über den anderen erfahren, wobei es meist darum geht, wie ähnlich man sich in Bezug auf Einstellungen, Interessen, Wertvorstellungen und Lebensstil ist."[4]

---

[4] Horst Heidbrink (2007): Freundschaftsbeziehungen. *Journal für Psychologie* 15(1).

Schauen wir uns doch einmal an, wie wir Freundschaften in sozialen Online-Netzwerken beginnen. In Facebook füge ich einen Freund hinzu. Ich verschicke eine Anfrage, ihn als Freund hinzufügen zu dürfen. Keine Einladung, kein Abendessen. Nicht der Hauch eines Prozesses. Ich frage den anderen erst, ob er mein Freund sein möchte, bevor ich ihm irgendetwas von mir offenbare (je nach Profileinstellungen). Die Intimität der Freundschaft, die sich im Laufe des oben beschriebenen Prozesses bildet, fehlt bei Facebook zunächst völlig.

Auch studiVZ lässt mich völlig Unbekannte als Freund hinzufügen. Zwar müssen diese dem auch zustimmen, aber es handelt sich rein sprachlich dabei schon um eine Freundschaft.

Viel schlimmer ist, wie einfach man eine Freundschaft beenden kann. Was früher nicht ohne einen handfesten Streit möglich war, geschieht heute per Mausklick. „Freundschaft beenden" steht hinter jedem meiner Kontakte bei studiVZ; einmal werde ich noch gefragt, dann ist es vorbei mit der Freundschaft. Facebook formuliert es sprachlich noch drastischer, da wird von Entfernen gesprochen – von der Freundesliste. Übrigens erfährt dies der Freund nicht einmal – eine Benachrichtigung ist nicht vorgesehen.

Eine Umfrage des Dienstes Harris Poll im September 2010 hat ergeben, dass sich Befragte besser verbunden fühlen durch soziale Netzwerke. Obwohl sie sich nicht von Angesicht zu Angesicht gegenüberstehen, fühlten sich 57 Prozent der Befragten näher an Familie und Freunden als zuvor. Aber ebenso viele Befragte gaben an, dass sie diese Menschen deswegen nicht häufiger persönlich treffen. Und erschreckende 44 Prozent sagten, dass sie **virtuelle Beziehungen** bei den meisten Bekannten vorziehen.

Fans: Nicht nur im Sport

Bislang hatte das englische Wort Fan im Deutschen eine eher sportliche Bedeutung oder bezeichnete, etwas weiter gefasst, einen begeisterten Anhänger von Musikern. Dies ändert sich nun: In sozialen Netzwerken wird man Fan von Adidas, Greenpeace oder der CDU/CSU-Bundestagsfraktion (letztere hat gerade mal 2 400 solche Fans). Bei Facebook geschieht dies durch Klicken auf den **Gefällt-mir-Button.** Auch hier zeigt sich wieder die sprachliche Unschärfe: Nur weil mir eine Institution oder ein Unternehmen gefällt, würde ich mich nicht gleich als Fan bezeichnen. studiVZ und wer-kennt-wen sind da etwas klarer: Es gibt Gruppen, in denen der Nutzer Mitglied wird. Diese gibt es bei Facebook auch, konkurrieren aber mit den **Fanpages.** Dabei kommt das Gruppensystem der eigentlichen Funktion viel näher: Hier geht es um Themen und Interessen, nicht um die Beziehung des Einzelnen zu einer Institution oder Unternehmung.

Die fast schon aggressive **Ver-Freundisierung** bei Facebook, die einhergeht mit sprachlicher Verwässerung, macht es so schwierig, unsere Position im Netzwerk klar festzulegen. Vor allem der Vergleich mit der realen Welt wird schwer: Je mehr wir uns die Sprache der virtuellen Welt aneignen, umso schwieriger wird es, reale Beziehungen zu definieren. Wie z. B. bezeichne ich meine Beziehung zu Adidas im täglichen Leben? Und warum stelle ich mir diese Frage überhaupt? Was früher eine recht einfach gestrickte Produkt-Kunde-Beziehung war, wird zunehmend personalisiert und emotionalisiert.

Kontakte nur für Geschäftspartner?

Für Beziehungen, wie wir sie heute in der Online-Welt haben, sieht die deutsche Sprache eigentlich drei Begriffe vor: „Freunde", wie oben beschrieben, „Bekannte" und „Kontakte". Die beiden letzteren haben zwar eine ähnliche Bedeutung, werden aber unterschiedlich gebraucht. „Bekannte" beziehen sich in der Regel auf das Privatleben, während „Kontakte" entweder als genereller Begriff für den Inhalt des Adressbuches oder aber im Geschäftsleben verwendet wird.

LinkedIn und XING verwenden beide das Wort „Kontakte". Die neutrale Konnotation schafft eine Grunddistanz, wie sie eigentlich im oben beschriebenen Beispiel des Offline-Kennenlernens vorhanden ist. Ich bin mit anderen Kontakten „verbunden" – eine ebenfalls eher neutrale Begrifflichkeit. Als Netzwerke für berufliche Kontakte pflegen diese beiden Anbieter bewusst die Zurückhaltung. Interessanterweise sind die Nutzer dabei in den Gruppen aktiver als z. B. bei Facebook. Eine Vermutung ist, dass hier meist ein direkter Vorteil vorhanden ist: Ich bekomme Informationen, die für meine Arbeit wichtig sein könnten, anstatt darüber zu diskutieren, ob Justin Bieber der größte Star aller Zeiten ist oder nicht. (Sollte Justin Bieber Ihnen kein Begriff sein, machen Sie sich keine Sorgen. Er ist nicht wirklich wichtig.)

Das Phänomen der Weak Links

Mark Granovetter untersuchte in den 1970er Jahren für seine Dissertation die Jobsuche von Ingenieuren in Boston. Die Frage war, wie sie an die neue Stelle kamen. Die Überraschung: weder durch Stellenanzeigen noch durch enge Freunde, sondern vor allem durch entfernte Bekannte, die die besten Informationen über freie Arbeitsstellen hatten. Die Frage war nun, warum die engen Freunde (*strong ties*) schlechter abschnitten als die weniger guten (*weak ties*). Die Erklärung ist, dass die Wahrscheinlichkeit, dass enge Freunde über die gleichen Informationen verfügen, groß ist. Von ihnen erfahren wir wenig Neues. Wenn aber Freund A seinem Freund B, den ich gar nicht kenne, von der Stellensuche erzählt, dann hat er vielleicht genau die richtige Information. Mit steigender Zahl von Weak Ties steigt auch die Informationsvielfalt. Dies bedeutet auch, dass wir diese Weak Ties brauchen, um sozusagen frisches Blut ins Netzwerk zu bekommen. Die starken Beziehungen nach Granovetter sind vor allem die zwischen Eltern

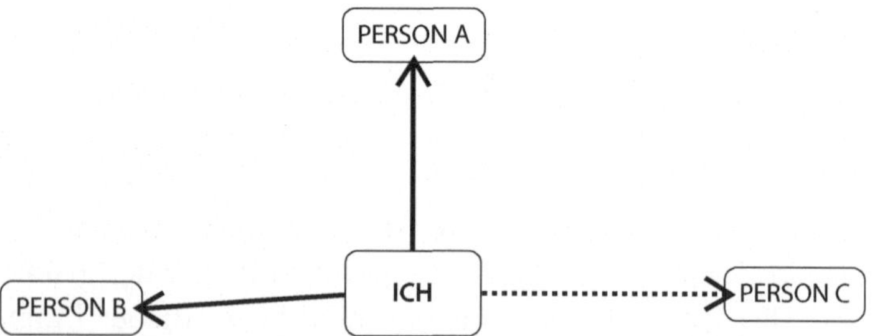

Abb. 3.2 Das Prinzip der *weak ties.* Ich kenne A und B, aber C nicht. Weil B aber C kennt, gibt es eine Verbindung, wenn auch keine direkte. Diese nennt man *weak tie.*

und Kindern, Eheleuten und Lebensabschnittspartnern und klassische Freundschaften. Christian Stegbauer geht in seiner Arbeit „Weak und Strong Ties – Freundschaft aus netzwerktheoretischer Perspektive"[5] sehr detailliert auf den Freundschaftsbegriff und die damit verbundene Kritik an Granovetter ein. Sein Anliegen ist es, „dass eine Reduktion von Beziehungen auf die Dualität von Beziehungsstärke zwar bestimmten Aspekten der Beziehungsanalyse neue Türen öffnet, aber nicht angemessen ist, die Vieldimensionalität von Beziehungen zu erfassen". Es wurde gezeigt, dass selbst innerhalb der Kategorie der „starken" Beziehungen eine erhebliche Bandbreite gegeben ist.

Dennoch wird damit nicht das komplette Prinzip der Weak Ties umgestoßen, vielmehr wird es durch mehr Parameter differenziert. Interessant sind in diesem Zusammenhang vor allem die Beziehungen zwischen **Clustern**. Hier spielen, anders als beim Individuum, die Freundschaftsparameter keine Rolle, gleichwohl bilden sich feste und weniger feste Bindungen aus. Ein Beispiel sind Cliquen: In meiner Jugend gehörte ich eher zu den Ökos (weil Norwegerpulli), während mein Bruder wohl eher ein Popper (Seitenscheitel und Lederschlips) war. Zwischen diesen beiden Gruppen (von der familiären Beziehung bei mir einmal abgesehen) gab es wenige Freundschaften. Gleichwohl gab es Inputs: Was Freunde meines Bruders taten, gelangte zu mir und über mich wiederum in meine Clique. Nicht immer zum Besten der Beteiligten: Wenn aufgrund solcher Informationen meine Freunde auf der Party eines Freundes meines Bruders auftauchten, konnte das problematisch werden.

---

[5] www.soz.uni-frankfurt.de/Netzwerktagung/Stegbauer-Freundschaften.pdf.

Lee Fleming, Professor an der Harvard Business School, beschreibt in einem Beitrag aus dem Jahr 2004 das Zusammenspiel zwischen den Weak Ties und Clustern, in diesem Fall die **Small Worlds**, also kleine Netzwerke, die wir um uns herum bauen und in denen wir neue feste Bindungen eingehen. Ein Beispiel sind Software-Entwickler, die sich maßgeblich in einer bestimmten Community aufhalten. Die meisten Entwickler kennen sich untereinander, weil sie immer wieder miteinander zu tun haben, sich auf Kongressen treffen und vor allem über ihre Ideen (und bisweilen Arbeiten) kommunizieren. Fleming sagt: „It's this combination of a tight, local clustering with an occasional weak, distant tie to other clusters, that is the essence of a small world."

Alte Freunde, neue Freunde

Nachdem ich versucht habe, die unterschiedlichen Bedeutungen von Freundschaft, Freunden, Bekannten und Kontakten aufzuzeigen, will ich Ihnen in den folgenden drei Abschnitten ein wenig über die Möglichkeiten erzählen, die solche Freundesnetzwerke bieten. Mit dem oben Gesagten im Hinterkopf können wir uns nun daran machen, Freunde zu finden. Alte, neue, Zufallsbekanntschaften. In diesem Zusammenhang möchte ich wenigstens kurz auf ein Angebot eingehen, das nicht wirklich ein soziales Netzwerk ist, aber in deren Gefilden wildert: **Stayfriends**. Sie werden sicher irgendwann eine Werbung oder E-Mail bekommen haben, sich bei Stayfriends anzumelden und mit Ihren Schulkameraden in Kontakt zu bleiben. Anders als Facebook, wkw und studiVZ ist der Dienst gebührenpflichtig. Zwar können Sie gratis alle Ihre Daten eingeben und nachsehen, welche Ihrer Mitschüler auch in der Datenbank sind, wie sie heute aussehen und ob sie ihren Namen geändert haben. Wenn es aber um die volle Funktionalität geht, brauchen Sie eine Goldmitgliedschaft für zwei Euro monatlich. Und damit sind wir schon beim ersten Thema.

Alte Freunde wiederfinden

Wie oberflächlich oder nicht Online-Freundschaften sind, sei einmal dahingestellt. Sicher ist, dass jeder von uns seit dem Kindergartenalter Freundschaften pflegt, die aufgrund realer Begegnungen entstanden sind. Aber wir sind mobiler geworden, kaum einen hält es noch am Ort seiner Geburt. Und irgendwann stellt man sich die Frage: „Was ist eigentlich aus XY geworden?"

Machen Sie sich einmal den Spaß und versuchen Sie sich an Ihre ältesten Bekanntschaften zu erinnern: mit denen Sie im Kindergarten waren, mit denen Sie aufgewachsen sind oder neben denen Sie in der Schule gesessen haben. Sie haben ja gerade in der Jugend gemeinsam eine Zeit erlebt, die Ihr Leben geprägt hat. Und doch verliert man sich aus den Augen, wenn es in andere Städte oder gar ins Ausland zum Studieren geht. Ich selbst kenne gerade noch zwei meiner Kindergartenfreunde und weiß, was diese machen, und das auch nur, weil sie in der Heimatstadt geblieben sind. Eine davon war eine Zeit lang mein Boss. Sie hatte mich eingestellt, weil sie wusste, was ich beruflich mache und mich aus dem Kindergarten und der Grundschule kannte. In Kapitel 6 (Abschnitt „Karriereplanung in sozialen Netzwerken") gehe ich näher darauf ein, wie Sie über Netzwerke einen Job bekommen können.

Selbst wenn Sie sich also an die Namen von damals erinnern, was wissen Sie über Ihre beste Freundin oder den Kumpel? Falls Sie wissen wollen, was sie heute so machen, bieten soziale Netzwerke eine hervorragende Möglichkeit, diese alten Bekanntschaften wieder aufleben zu lassen. Eine Bekannte von mir hat nach 30 Jahren per Facebook ihre erste große Liebe wiedergefunden. Beide hatten gerade eine Trennung durchgemacht und waren sozusagen verfügbar. Sie schrieben sich eine Weile Nachrichten, und die Geschichte endete damit, dass sie zu ihm nach Australien zog. So weit muss es nicht kommen, vielleicht wollen Sie auch nur ein Lebenszeichen von sich geben oder einfach erfragen, was der oder die andere so macht.

Sollten Sie älter als 50 alt sein − glauben Sie jetzt nicht, dass Ihre Altersklasse nicht in sozialen Netzwerken vertreten ist. Die Gruppe der über 50-Jährigen ist die am stärksten wachsende in Facebook. Das Durchschnittsalter bei Facebook liegt bei 33 Jahren, Tendenz steigend. Bereits vor zwei Jahren lag der Altersdurchschnitt der wkw-Mitglieder bei 30 Jahren. Die Agentur Web Shandwick spricht in einer Studie von einer Altersspanne von 36 bis 39 Jahren. Während Stayfriends die wohl ältesten Mitglieder hat, verzeichnen Facebook und die Business-Netzwerke immer mehr der sogenannten **Digital Immigrants**, also Leute, die geboren wurden, als es noch kein Internet gab, und die sich nun immer mehr in der Online-Welt bewegen (so wie ich). Es handelt sich dabei um Durchschnittswerte. Je nach Bildungsgrad haben Sie als über 40-Jähriger eine recht gute Chance, viele Ihrer früheren Freunde wiederzufinden.

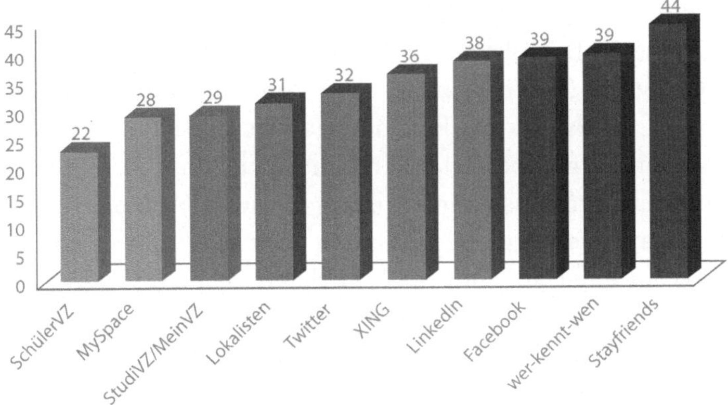

Durchschnittsalter auf sozialen Netzwerken; n = 1009

Abb. 3.3 Stayfriends-Mitglieder sind am ältesten. (Copyright Weber Shandwick/respondi 2010, www.webershandwick.de)

Nun entstehen Freundschaften nicht nur in der Jugend. Die berufsmäßige Mobilität bringt immer neue Bekanntschaften hervor, am Arbeitsplatz, in neuen sozialen Umfeldern. Sie ziehen an einen neuen Ort, die Kinder gehen in eine neue Schule, Sie finden neue Kontakte beim Elternabend oder im Tennisverein. Auch Auslandaufenthalte sind keine Seltenheit mehr, und schnell verteilen sich Ihre Bekanntschaften über die ganze Welt. Wie sollen Sie mit diesen Kontakt halten? Irgendwann schreiben Sie sich keine E-Mail mehr und fangen an, die Kontaktliste in Skype oder anderen Instant-Messenger-Diensten aufzuräumen. Und schon verschwinden Menschen aus Ihrem Leben, mit denen Sie einige Jahre fast jeden Tag verbracht haben.

Nun mag man sagen, das ist nun mal so – wir haben schon immer Freunde aus den Augen verloren. Richtig, nur nicht in diesem Maße. Gerade die Mobilität spielt dabei eine große Rolle. Nach Angaben der Deutschen Umzug AG (Stand 2009) liegt die Umzugsquote in Deutschland bei 12,1 Prozent pro Jahr. Dies bedeutet, dass knapp 8,4 Millionen Privatpersonen jährlich umziehen. Je kleiner die Haushaltsgröße ist, umso häufiger wird umgezogen (was logisch ist, denn Singles können eher eine neue Arbeitsstelle in einer anderen Stadt antreten als eine vierköpfige Familie). Auch wenn knapp die Hälfte der Menschen in der gleichen Stadt bleiben, sind es dennoch über vier Millionen, die wegziehen und somit neue soziale Beziehungen aufbauen müssen – und alte Beziehungen verlieren.

Neue Freunde finden

Bleiben wir zunächst bei der Mobilität: Sie kommen in eine neue Stadt. Wie knüpfen Sie am einfachsten Kontakte? Eltern haben es bisweilen einfacher, weil die Schule Kontakte zu anderen Eltern bietet (wobei dann die Basis der Beziehung nicht etwa gleiche Interessen, sondern gleichaltrige Kinder sind, was mit sich führt, dass eine Menge Kontakte erforderlich sind, bis solche gefunden werden, aus denen sich Freundschaften entwickeln können). Mehr Gemeinsamkeiten finden sich in der Berufswelt, aber auch hier ist es nicht so einfach, mit den Kollegen gleich am Anfang warm zu werden. Sportvereine, Fitnessstudios und Hobbys bieten klassischen Zugang zu Fremden mit ähnlichen Interessen. Themenbasierte Gruppen in sozialen Online-Netzen sind eigentlich nichts anderes als solche Zusammenschlüsse, nur eben virtuell und nicht zwangsläufig auf eine Stadt bezogen. Weil Sie aber in der Regel Ihren Wohnort angeben, können Sie in der von mir so gerne erwähnten Rosenzüchtergruppe nach Wohnort filtern, und schon bekommen Sie eine Liste mit Gleichgesinnten in Ihrer Umgebung. Es ist schlicht einfacher geworden, Freunde zu finden.

Ich will Ihnen gar nicht den Spaß verderben, die Kneipe um die Ecke auszuprobieren und an der Theke bei einem Bierchen mit einem Ihnen völlig Fremden über Fußball oder Politik zu diskutieren, um einmal ein Klischee zu bedienen. Zufällige Kontakte sind das Salz in der Suppe. Es geht auch nicht darum, die Abende alleine vor dem Rechner zu verbringen und virtuelle Bekanntschaften zu machen (das ist ja schließlich kein Dating-Buch). Worum es mir geht, ist, Ihnen ein wenig Zeit zu ersparen, Sie schneller ans Ziel zu bringen und die Qualität der Erstkontakte zu erhöhen, indem Sie die Technologie nutzen.

Setzen wir voraus, Menschen sagen in sozialen Online-Netzwerken weitgehend die Wahrheit über sich (lassen wir **Identitätsdiebstahl** einmal beiseite). Ich möchte Ihnen hier von mir selbst erzählen, wie ich dank Internet neue Freunde auf einem Gebiet gefunden habe, das es zuvor gar nicht gab.

2004 entwickelte der MTV-Moderator Adam Curry zusammen mit dem RSS-Pionier Dave Winer eine Möglichkeit, per **RSS-Feed**[6] nicht nur Text und Bilder, sondern auch Audiodateien abonnierbar zu machen. Sie nannten es **Podcasting**, weil damals gerade die iPods von Apple populär waren und es damit für jedermann möglich wurde, Audioinhalte zu publizieren, ohne dass der Nutzer jede Datei

---

[6] RSS-Feeds beinhalten quasi nur den Text- und Bildteil eines Artikels einer Webseite. Man kann diese Feeds mit speziellen Programmen abonnieren, das Programm schaut dann jeweils, ob neue Inhalte vorhanden sind.

per Hand herunterladen musste. Im Oktober 2004 hörte ich davon und suchte per Internet nach Gleichgesinnten. Ich hatte Kontakt mit Adam Curry, wollte aber wissen, wer in Deutschland **Podcasting** macht. Fabio Bacigalupo, ein Berliner, der damals auf Koh Samui in Thailand arbeitete, war ebenfalls aufmerksam geworden und rief eine Mailingliste ins Leben. Aus dieser entwickelte sich noch ein **Wiki**[7] mit Informationen zum Thema. Es war zwar kein soziales Netzwerk, aber Mailinglisten sind so etwas wie ein Vorläufer, und die Kontakte, die ich damals bekommen habe, pflege ich noch heute. Gerade im Bereich Podcasting stehen die Pioniere von damals noch immer in Verbindung, treffen sich auf Kongressen, sind Freunde auf Facebook, und hier und da macht man eine gemeinsame Aktion, meist über ein soziales Netzwerk organisiert. Einige von uns organisierten sogar einen Kongress (den ich zum Teil aus meinem Vietnamurlaub mitgestaltete – dem Internet sei Dank), ohne uns ein einziges Mal persönlich gesehen zu haben. Wir wurden Freunde, weil wir gemeinsame Interessen hatten, weil wir uns vertrauten und weil es eine Technologie gab, die das möglich machte.

Dies ist ein weiterer Vorteil der sozialen Online-Netzwerke: Sie überspringen regionale Grenzen. Unsere klassischen sozialen Kontakte entwickeln wir ortsbezogen, in unserem direkten sozialen Lebensumfeld. Auch hier haben wir das Risiko des Streuverlusts: Wir kennen Menschen, weil sie in der gleichen Stadt wohnen, nicht weil wir etwas gemeinsam haben. In einer Großstadt mag das noch ein-

---

[7] Ein Wiki ist eine Webseite, die von jedem Nutzer auch ohne Anmeldung bearbeitet werden kann. Das Online-Lexikon Wikipedia z. B. basiert auf dieser Technik.

fach sein, weil die Auswahl groß ist. In Kleinstädten wird es schwierig sein, Menschen mit gleichen Interessen zu finden – zumindest wenn diese Interessen etwas ausgefallener sind.

An der Abilene Christian University in den USA hatte man untersucht, wie aktiv Studenten auf Facebook sind nach ihrem ersten Jahr.[8] Je aktiver Studenten im Netzwerk waren, umso größer war die Wahrscheinlichkeit, dass sie nach der Sommerpause auch wieder zurück in die Universität kamen. Die Erklärung: Die Rückkehrer hatten wesentlich mehr Freunde und Beiträge und sich somit einen neuen **sozialen Raum** geschaffen (ich komme später noch auf das Konzept des Sozialraums zu sprechen). Die Aktivität scheint Ausdruck einer gewissen Begeisterung zu sein, die Studenten hatten. Sie fühlten sich wohl. Die US-Wissenschaftler sehen in der Facebook-Aktivität ein Spiegelbild der Wirklichkeit. Man glaubt, dass diese Studenten auch in der Realität viele Freunde in der Uni haben. Nun sagt die Studie nichts darüber aus, ob man auch neue Freunde gefunden hat. Aber die Wahrscheinlichkeit ist durchaus gegeben. Wenn ich jemanden in der Uni kennenlerne und auf Facebook als virtuellen Freund hinzufüge, werde ich auch seine Freunde sehen, von denen manche vielleicht nur Teilnehmer im gleichen Seminar sind, ich ihnen aber dennoch eine **Freundschaftsanfrage** schicke, weil ich sie vielleicht besser kennenlernen möchte.

Es gibt noch andere Gründe für neue Freundschaften, nämlich sozialen Druck. Eine weitere und aktuellere Studie

---

[8] http://www.wired.com/epicenter/2010/08/active-facebook-users-more-likely-to-stick-it-through-college-study/.

an US-Colleges[9] zeigte auf, dass die Herkunft eine große Rolle spielt. So fand man heraus, dass asiatische Studenten sich besonders stark abgrenzen, aber nicht als Asiaten im Sinne der Ethnie. Das Herkunftsland ist wichtig, so haben Vietnamesen zu einem großen Teil vietnamesische Freunde. Allerdings beißt sich hier die Katze in den Schwanz: Denn die Studie zeigte auch, dass eine Freundschaftsanfrage allein mehr Druck ausübt als die Herkunft oder Ethnie des Anfragenden. Es reicht allein schon aus, gewisse Spannungen zu vermeiden, die auftreten könnten, wenn man eine Anfrage ablehnt. Wer aber von Anbeginn Freunde der gleichen Herkunft hat, wird von dessen Freunden wiederum Anfragen bekommen. So entsteht ein verzerrtes Bild einer Herkunftsorientierung, auch wenn dies gar nicht der Fall ist.

Betrug in sozialen Netzwerken

Bei Geld hört bekanntlich die Freundschaft auf, für manchen Bösewicht fängt sie genau dort an. Während ich „falsche Freunde" in der Bedeutung der Bekannten, die ich lieber nicht in einem Netzwerk meine Beiträge lesen lassen möchte, im nächsten Kapitel (Abschnitt „Das Problem der Trolle") behandle, möchte ich hier auf Betrug eingehen: Dieser geht nämlich oft mit einer Freundschaftsanfrage einher.

Die klassische Masche ist, dass ein Betrüger eine Freundschaftsanfrage stellt: War er zuvor schon bei einem Freund

---

[9] http://newsroom.ucla.edu/portal/ucla/race-less-important-forging-friendships-171171.aspx.

von mir erfolgreich, hat er bei mir größere Chancen, weil er sich ja auf diesen Freund berufen kann. In Vietnam beispielsweise ist es eine Art Volkssport, möglichst viele Freunde auf Facebook zu haben. Die damit verbundene Unübersichtlichkeit öffnet Betrügern Tür und Tor. Der bekannte Enkeltrick[10] funktioniert auch in sozialen Netzwerken: Hier gibt sich der Betrüger als Freund des Freundes aus, sagt, er sei gerade in London ausgeraubt worden, könne den Freund nicht erreichen und brauche dringend Geld für den Rückflug.

Noch schlimmer ist der **Identitätsdiebstahl**: Weil die Sicherheit von Passwörtern noch immer viel zu lax gehandhabt wird, probieren Betrüger beliebte Kombinationen aus und verschaffen sich Zugang zu Accounts. Mit diesen geknackten Profilen wiederum wird versucht, Freunde des Accounts zu kontaktieren, gerne auch mit der oben beschriebenen Notlagemasche.

Auch **Phishing** funktioniert bestens: Dabei wird der Nutzer auf eine vermeintlich bekannte Webseite gelockt, auf der er seine Nutzerdaten und das Passwort eingeben soll. Nur ist das eben nicht die Original-Facebook-Seite, sondern eine geschickt gemachte Fälschung: Und schon sind die Daten bei einem Verbrecher gelandet, der damit versucht, weitere Opfer zu finden.

Die scheinbar freundliche Umgebung macht es Kriminellen vergleichsweise einfach: Es ist ein wenig so wie bei Anlagebetrügern, die die meisten ihrer Opfer auch dadurch

---

[10] Als Enkeltrick oder Neffentrick wird ein betrügerisches Vorgehen verstanden, bei dem sich Trickbetrüger meist gegenüber älteren oder hilflosen Personen als nahe Verwandte ausgeben, um an deren Bargeld oder sonstige Wertgegenstände zu gelangen.

schröpfen können, weil sie durch Freunde empfohlen wurden. Bernard Madoff ist das beste Beispiel dafür.

Ich möchte hier nicht detailliert auf die verschiedenen Betrugsmaschen eingehen, sondern sie benutzen, um Schattenseiten der virtuellen Freundschaften aufzuzeigen, aber auch nicht zu vergessen, dass diese Netzwerke in vielem ein Abbild der Realität sind. Betrüger nutzen die Gutgläubigkeit aus, offline wie online. Ich kenne den Fall einer älteren Frau, die die Tür öffnete, weil eine angebliche Mitarbeiterin einer sozialen Einrichtung ihr einen Blumenstrauß überreichen wollte. Als die Frau eine Vase holte, schnappte sich die Besucherin die Handtasche und verschwand. Ein wenig mehr Misstrauen ist heute leider angebracht, wenn Fremde an der Tür klingeln oder im E-Mail-Postfach auftauchen.

Der Unterschied zu sozialen Netzwerken liegt vor allem wieder in der Größe: Verbrecher können alleine schon durch die schiere Masse Profite machen, von denen sie in der realen Welt nur träumen können. Da es letztlich nur eine technische Herausforderung ist, an die Profildaten von Nutzern zu kommen, werden Millionen von Betrugsanfragen verschickt. Wenn nur ein Prozent erfolgreich ist, ist das schon eine Menge Geld (deshalb übrigens sind leider auch die E-Mails der Nigeria-Connection noch immer erfolgreich).

Der Palästina-Aktivist Samer Elatrash beschreibt eindrucksvoll in einem Artikel des *Montreal Mirror*,[11] wie er Opfer eines **Identitätsbetrugs** geworden ist. Bei einem Freund entdeckte er in dessen Freundesliste seinen Namen zweimal. Der andere Elatrash hatte offenbar seine Identität angenommen und begann, Freunde einzuladen, nach Ap-

---

[11] http://www.montrealmirror.com/2007/041207/news2.html.

partements zu suchen und Beiträge zu schreiben, die nicht so lustig waren: „He began posting updates that ‚Samer is in hiding because Yoni Petel has sent the Israeli Mossad to terminate him'. Yoni Petel was a member of McGill Hillel when I was active in the campus pro-Palestinian movement, and he was obsessed with the notion that I was an anti-Semite", beschreibt Elatrash seine Erfahrungen.

Altersverteilung in sozialen Netzwerken

Eine Untersuchung von pingdom.com[12] hat in den USA erstaunliche Ergebnisse für die Altersverteilung in sozialen Online-Netzwerken erbracht. Zum einen sind 61 Prozent der Facebook-Mitglieder älter als 35 Jahre. Zum anderen ergab sich eine weitere interessante Verteilung: Wenn man schaut, welche Altersgruppe in welchen Netzwerken am stärksten vertreten ist, bekommt man folgende Auflistung:

Altersgruppe 0–17: Spitzenreiter in 4 von 19 Netzwerken (21 %)

18–24: Nirgends ein Spitzenreiter

25–34: Spitzenreiter in 1 von 19 Netzwerken (5 %)

35–44: Spitzenreiter in 11 von 19 Netzwerken (58 %)

45–54: Spitzenreiter in 3 von 19 Netzwerken (16 %)

---

[12] http://royal.pingdom.com/2010/02/16/study-ages-of-social-network-users/.

Deutschland

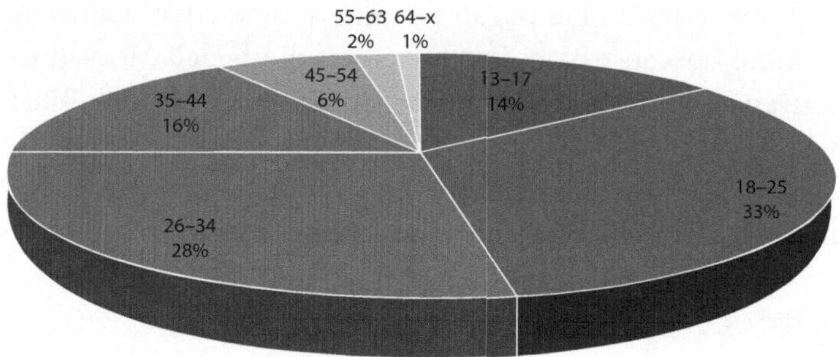

Abb. 3.4   Die Älteren sind in Deutschland noch in der Minderheit, zumindest bei Facebook. (Stand: 31.01.2010). Quelle: Facebook. Abdruck mit freundlicher Genehmigung von Thomas Hutter (thomashutter.com).

Erstaunlich ist, dass immerhin in drei von 19 Netzwerken die 45- bis 54-Jährigen die Spitzengruppe stellen. Dazu gehören classmates.com, so etwas wie Stayfriends, und LinkedIn. Das Beispiel zeigt, dass soziale Online-Netzwerke an sich keine Barriere sind, sondern höchstens die Mitglieder, die dort mehrheitlich vertreten sind. Für 50-Jährige ist beispielsweise das Teenie-Netz **Hi5** einfach uninteressant.

In Deutschland sehen die Zahlen etwas anders aus. Der Social-Media-Spezialist Thomas Hutter zeigt in einer Grafik von Januar 2010, dass sich die oberen Altersgruppen noch etwas schwer tun (Abb. 3.4). Allerdings ist die Tendenz steigend. „Die am stärksten wachsende Gruppe sind die Senioren mit 12,42 %, gefolgt von den 55- bis 63-jährigen Benutzern", berichtete Hutter im August 2010.

Was nun sollte ältere Menschen veranlassen, sich in sozialen Online-Netzwerken zu bewegen? Eine Untersuchung des amerikanischen Pew Research Center fand heraus, dass die meisten Menschen über 50 vor allem E-Mails benutzen, gefolgt von Nachrichten-Webseiten. „Social media properties – including networking and status update sites – are newer additions to the daily digital diet of older adults. Yet, the ‚stickiness‘ of the sites is notable. To look at the data another way, among the pool of adults ages 50 and older who use social networking sites, 44 % used them on the day prior to their being contacted for our survey."[13]

Immerhin zeigen die Zahlen auch, dass derzeit in den oberen Altersgruppen Social Media ähnlich häufig genutzt werden wie Online-Banking und wesentlich häufiger als Kleinanzeigen gelesen werden. Die gleiche Studie beschäftigte sich auch damit, warum Ältere diese Angebote nutzen. Zum einen gibt es den Trend, Bekannte aus der Vergangenheit zu finden und zu kontaktieren. Das hat verschiedene Gründe: Manche gehen gerade in Rente und haben schlicht mehr Zeit, mit den alten Freunden zu kommunizieren. Andere wollen eine neue Karriere starten und suchen alte und neue Kontakte, die dabei hilfreich sein können. In 2009 gab die Hälfte der Nutzer über 50 Jahre an, von ehemaligen Bekannten über Online-Netzwerke kontaktiert worden zu sein.

Es gibt aber noch einen anderen triftigen Grund: Wir werden nicht gesünder mit dem Alter. Tatsächlich ist die Chance, mit zunehmendem Alter eine chronische Krankheit zu entwickeln, recht groß. Und Untersuchungen zeigen

---

[13] Mary Madden (Senior Research Specialist) (2010): Older adults and social media: Social networking use among those ages 50 and older nearly doubled over the past year. *Pew Internet & American Life Project.* http://pewinternet.org/Reports/2010/Older-Adults-and-Social-Media.aspx.

ebenfalls, dass kranke Menschen heute immer mehr Hilfe und Informationen im Internet suchen. In den USA gibt es sogar viele Blogs von kranken Menschen, und andere wiederum diskutieren und tauschen sich in Foren aus. Auch hier gilt wieder das Prinzip, dass vor allem Gleichgesinnte gesucht werden. Dabei geht es nicht um das Klischee, dass alte Menschen gerne jammern, wie schlecht es ihnen geht. Vielmehr werden Behandlungsmethoden besprochen, Spezialkliniken gesucht, Ärzteerfahrungen ausgetauscht, Tipps für Diät und gesunde Lebensweise gegeben – quasi ein virtueller Seniorentreff mit angeschlossener schier unerschöpflicher Datenbank.

In Deutschland startete einst **www.feierabend.de** als zentrale und bundesweite Webseite für Senioren. Derzeit werden 150 000 Mitglieder ausgewiesen, es gibt 114 Regionalgruppen und es wurden 260 000 Bilder hochgeladen. Benutzer wählen meistens Spitznamen, und dies wohl aus gutem Grund, denn man kann, ohne angemeldet zu sein, eine Menge über einen Benutzer herausbekommen. Eine willkürliche Abfrage nach „Altersgruppe (nach Alter) 60–70, Hobby und Freizeit: Computer & Internet, Nachrichten und Information: Erben & Vererben" ergibt Trefferlisten von Mitgliedern. Dabei werden zwar Pseudonyme verwendet, aber Hans 350 sagt z. B., aus welcher Stadt er kommt, was er gerne macht, und erstellt natürlich noch sein persönliches Profil. Privatsphäre spielt keine so große Rolle, oder es fehlt schlicht an Bewusstsein. Wer eingeloggt ist, kann dann auch alle Angaben der Mitglieder sehen. 2008 wurde die Webseite vom Bundesministerium für Wirtschaft und Technologie als beste Community Deutschlands ausgezeichnet. Das Problem, das feierabend.de hat: Die Senioren sind unter sich.

Die Pew-Forscher haben nämlich einen weiteren Grund für die Attraktivität der großen Online-Netzwerke gefunden: Sie bauen Brücken zwischen Generationen. Der Großvater mag nicht alles verstehen, was die Enkelin auf Facebook schreibt (Von LOL bis ROFL zu ;-), aber er nimmt ein wenig mehr teil an ihrem Leben und was sie bewegt als durch die jährlichen Familientreffen an Weihnachten. In Diskussionsgruppen spielt Alter ebenfalls keine Rolle, und Jüngere können von Älteren lernen und umgekehrt.

Das Generationenproblem heute ist vor allem eines der Nichtkommunikation: Weil ältere Menschen noch lange Zeit zu Hause leben können, aber eben nicht mehr in der Familie, beschränken sich ihre Kontakte auf wenige Gleichaltrige. Meine eigene Großmutter lebt in einem Heim und beklagt, dass sie recht wenige Kontakte hat, mit denen sie sich austauschen kann. Gerade in Senioreneinrichtungen kommt hinzu, dass der Anteil von Menschen mit Gedächtnisschwund und Bettlägerigkeit groß ist und somit das Update auf das Leben „draußen" immer schwieriger wird. Der Dialog der Generationen findet kaum noch statt, Information kommt per Zeitungen und Fernsehen als Einbahnstraße. Meine Mutter (über 60) liest meine Twitter-Nachrichten und mein Blog, um zu wissen, was ich so mache. Natürlich telefonieren wir und schreiben E-Mails. Aber solche Kommunikation ist inhaltlich begrenzt: Wir rufen nicht täglich an und schreiben auch nicht alles in die E-Mails. Aber ich lade Bilder von unserem neuen Hund zu flickr.com hoch, und meine Verwandtschaft kann sie ansehen.

In den USA hat die FCC, eine Art Rundfunkbehörde, vom Kongress zusätzliche Gelder beantragt, um ältere Amerikaner ins Netz zu bringen und ihnen zu erklären, was man im Internet machen kann. Organisationen wie die AARP (American Association of Retired Persons) haben ebenfalls groß angelegte Programme, um Senioren die Vorteile von Social Media und Online-Netzwerken zu erklären. In Deutschland gab und gibt es verschiedene Initiativen, die von staatlichen Stellen gefördert werden. Hierzu gehören beispielsweise www.50plus-ans-netz.de und www.juelich.de/seniorenansnetz.

4

Klatsch, Tratsch, Gerüchte und Geschwafel: Inhalte in sozialen Netzwerken

Was macht neben den Freundschaftsbeziehungen soziale Netzwerke eigentlich so spannend? Alleine ein paar Leute zu kennen, reicht nicht, und Kontakte auf Vorrat – z. B. für die nächste Stellensuche – zu haben, bringt den Nutzer auch nicht jeden Tag zu XING. Im Folgenden werde ich aufzeigen, welche Inhalte die sozialen Online-Netzwerke zu bieten haben. So viel vorweg: Das Banale herrscht vor, aber unter vielen Muscheln sind immer auch welche mit großen Perlen. Letztlich hängt dies von Ihnen bzw. Ihren Freunden ab. Die Netzwerke an sich sind eine dumme technische Plattform und liefern, außer ein paar Nachrichten über sich selbst, keine Inhalte. Diese kommen alleine von den Mitgliedern. Und die verbreiten z. B. Gerüchte – ein Vorwurf, der sozialen Medien immer wieder gemacht wird, vor allem aus der Ecke der klassischen Medien. Nun trifft dieser Vorwurf ins Leere, weil zum einen die Netzwerke an sich gar keinen Anspruch haben, Informationen wahrhaftig und geprüft weiterzugeben, zum anderen gehört zum Tratsch vor allem immer der, der tratscht. „Identity is at the heart of the broader motive behind gossip. Gossip is not about information. It is about creating and maintaining relationships", schreiben James E. Rauch und Allessandra Casella in ihrem Buch *Networks and Markets*[1]. Wir brauchen Tratsch und Gerüchte bisweilen, um unsere Stellung im sozialen Umfeld zu behaupten oder zu festigen. Ebenso hören wir diesen Geschichten zu, weniger des Inhalts wegen, als um einzuschätzen, wie glaubhaft der Erzähler ist. Gerade unter Jugendlichen wird dieses Verhalten deutlich: „Ich habe den X mit der Y im Kino gesehen, obwohl der doch mit der Z zusammen ist", ist ein Klassiker. Der Inhaber der Information ist der Star in der Clique, solange die Information auch stimmt. Später werden daraus Storys in Boulevardblättern, die wir natürlich „nur" beim Arzt oder Friseur lesen.

Je enger das Freundesnetz online geknüpft ist, umso mehr können Gerüchte eine wichtige Rolle spielen, vor allem, wenn die meisten Online-Freunde auch offline gute Freunde sind.

Das Spektrum von Banalität bis Aktualität

Ich kopiere Ihnen mal eben, was ich spontan heute auf meiner **Facebook-Pinnwand** stehen habe (die Namen habe ich natürlich entfernt). Die Nachrichten sind übrigens immer chronologisch sortiert:

„Increasingly clear that my hard drive is dead."

„X ist jetzt mit Y und 5 weiteren Personen befreundet."

---

[1] James E. Rauch, Allessandra Casella (2001): *Networks and Markets*, (Hrsg.): Russel Sage Foundation, New York.

„**Boycott BP:** Of course it would have made entirely too much sense to have had this Marine Well Containment Company (MWCC) set up prior to the explosion in April. BP brands to boycott include Castrol, Arco, Aral, am/pm, Amoco, Wild Bean Cafe Boykottiert ARAL."

„OMG just experienced an earthquake in Alaska. The ground is swaying. Feels like a boat."

„X via Bürgerinitiative Helios: Da bin ich dabei."

„X and Y are attending Boykott sämtlicher Weihnachtsartikel bis kurz vor 1. Advent."

„Z: Noch ein Bild vom Lauf durch das Auenland :) #running #kinzig img.ly/… (Link entfernt)."

„Y: N8"

Die oben genannten Beispiele könnten gar nicht besser sein, um Ihnen die Bandbreite der Konversationen zu zeigen. **Die Festplatte, die ihren Geist aufgegeben hat**, ist übrigens die eines zumindest in der Internet-Community recht prominenten Menschen, deswegen hat das fast schon einen nachrichtlichen Wert.

Die Meldung, dass Freunde von mir mit anderen Freunden befreundet sind, mag banal klingen, kann aber hilfreich sein, um das eigene Netzwerk zu erweitern. Auf der anderen Seite mögen Sie selbst anderen vielleicht gar nicht mitteilen, welche Freunde Sie neu hinzugefügt haben. Leider können Sie dies nicht abstellen. Aber so können Sie wenigstens sehen, welche Freunde Ihr Ex-Boss oder Ex-Freund neu hinzufügt, so Sie mit diesen noch virtuell befreundet sind.

Der Boykott-Aufruf stammt noch aus der Zeit, als BP das Problem mit der Ölquelle hatte. Ich hatte bei dieser Seite den Gefällt-mir-Button angeklickt und nun stehen deren Beiträge auf meiner Pinnwand. Egal, welchen Fanseiten Sie angehören, die Pinnwandfunktion macht es recht einfach, auf dem neuesten Stand zu sein.

Die Mitteilung eines Erdbebens in Alaska finde ich spannend, und ich habe ähnliche Meldungen immer wieder bekommen. Nicht erst seit der Notlandung im Hudson River werden aktuelle Ereignisse am schnellsten über soziale Netzwerke verbreitet. In der Regel schicken Nutzer solche Nachrichten über den Dienst Twitter, die offene Schnittstelle macht es dann möglich, diese Nachricht auch auf Facebook und anderen Diensten zu veröffentlichen. So verbreiten sich Informationen, aber auch Gerüchte rasend schnell durch das Netz. Als Journalist, der tagesaktuell gearbeitet hat, ist das für mich spannend. Aber es hat natürlich auch seine Schattenseiten: Die Meldungen sind die von Privatpersonen, in der Regel nicht geprüft oder von offiziellen Stellen bestätigt. Das Erdbeben kann auch ein Zug gewesen sein, der donnernd vorbeifuhr. Oder in der Nähe ist ein Steinbruch, wo Sprengungen vorgenommen werden. Und überhaupt hat Alaska 45 Erdbeben der Stärke 5 bis 6 pro Jahr und 300, die immer noch spürbar sind. Also doch keine Nachricht? Vielleicht nicht, aber für unsereins, der ein- oder zweimal im Leben ein Erdbeben spürt, doch etwas Besonderes.

Die Helios-Bürgerinitiave und das Bekenntnis „Ich bin dabei" zeigen recht gut, wie man soziale Netzwerke für politischen Aktivismus nutzen und auch hier wieder die schiere Größe ein Vorteil sein kann. Bislang hatte ich keine Ahnung, was es mit dem Helios-Thema auf sich hat, dank der Statusmeldung bin ich zumindest darauf aufmerksam geworden. Wenn ich nun „Gefällt mir" anklicke, verbreite ich diese Meldung an meine über 500 Freunde, wenn davon nur zehn Prozent daran Gefallen finden, kommt man schnell auf sehr große Zahlen. Wer bislang eine politische Initiative starten wollte, brauchte einen großen E-Mail-Verteiler und bastelte dann eine Webseite. Das Problem: Eine Aktions-E-Mail kann man einmal rausschicken und dann bleibt nur die Hoffnung. Wer jeden Tag E-Mails versendet, wird potenzielle Mitstreiter eher verschrecken. Und eine Webseite ist schön, aber wer weiß schon, wer sich diese anschaut. Selbst die besten Statistiktools geben nicht viel her und spucken **IP-Adressen** aus, aber eben keine Namen (was aus Gründen des Datenschutzes auch gut so ist). Man kann ein Blog einrichten und sich dann über jeden der wenigen Kommentare freuen, die eintrudeln. Nicht, dass Sie all dies nicht machen sollten, ich rate sogar dazu. Aber das Marketing sollten Sie über soziale Netzwerke machen.

Eine Gruppensuche bei wer-kennt-wen zum Thema „Ausländer" bringt über 1 500 Ergebnisse. Ganz oben die Gruppe „Die geilsten Witze" mit 25 000 Mitgliedern, gefolgt von „Thilo Sarrazin hat Recht" mit 23 000 Mitgliedern. Während der erste Treffer wohl dadurch entsteht, dass das Wort „Ausländer" in der Gruppenbeschreibung enthalten ist, zeigt die Sarrazin-Gruppe, wie groß Aktionen skalieren können. Und diese Gruppe ist nur eine von 200 weiteren zum Thema „Sarrazin". Hinter den Gruppen stehen in der Regel weder Parteipolitiker noch Medien, sondern Privatpersonen, die am politischen Diskurs teilnehmen. Die Inhalte mögen nicht immer jedem gefallen, aber so ist das nun einmal in einer Demokratie: Es wird diskutiert.

Soziale Online-Netzwerke sind weitaus politischer, als man glauben mag. Ich denke, Politiker täten gut daran, hier und da in solche Gruppen reinzulesen und Volkes Stimme zu lauschen. Die schweigende Mehrheit geht nicht (mehr) auf die Straße. Überlegen Sie, was passieren würde, wenn 25 000 Leute auf die Straße gingen und zum Thema „Ausländer" demonstrierten. Es wäre eine Top-Nachricht in der Tagesschau. Weil es aber virtuell geschieht, wird es nicht wahrgenommen. Die Frage ist, wie lange Wähler ihren Abgeordneten und Tageszeitungen dieses Ignorieren verzeihen.

Ähnlich aktivistisch, wenn auch weniger im politischen Sinne, sind Mitteilungen wie **X and Y are attending Boykott sämtlicher Weihnachtsartikel bis kurz vor 1. Advent**. Solche Fanpages sprießen ständig wie Pilze aus dem Boden und sind ebenso schnell wieder verschwunden. Dadurch, dass man mit wenigen Klicks alle seine Freunde zu solchen Aktionen einladen kann, bekommen sie schnell großen Zuspruch. Wie effektiv und nachhaltig das ist, ist eine andere Frage. Manchen scheint es auszureichen, ihrem Ärger einmal Luft zu machen.

Wie problematisch diese Einladerei sei kann, zeigt das Beispiel einer 14-Jährigen aus England[2]. Sie wollte per Facebook ihre Freunde zur Geburtsparty einladen. Facebook bietet die Möglichkeit, ein Event einzurichten und dann Ort und andere Details jenen mitzuteilen, die man eingeladen hat. Eine an sich hilfreiche Funktion, wenn da nicht Facebooks Gier nach mehr wäre. Denn das Netzwerk möchte standardmäßig immer alle teilnehmen lassen, und

---

[2] http://www.spiegel.de/netzwelt/web/0,1518,718595,00.html.

so ist es auch bei Veranstaltungen: Man muss die Funktion
„Jeder kann die Veranstaltung sehen und für sie zu-/ab-
sagen (öffentliche Veranstaltung)" deaktivieren, und genau
das übersah das Mädchen. Das Ergebnis: 21 000 Facebook-
Mitglieder wollten zur Party kommen. Weil die Einladende
auch noch ihre Telefonnummer angegeben hatte, wurde sie
mit Anrufen überschüttet und musste eine neue Nummer
beantragen.

**Z: Noch ein Bild vom Lauf durch das Auenland :)
#running #kinzig img.ly/… (Link entfernt)** ist ein Bei-
spiel für die wohl am meisten genutzte Funktion in Facebook, aber auch vielen anderen Netzwerken: Fotos. Jeden
Monat werden etwa 2,5 Milliarden Fotos bei Facebook
hochgeladen. studiVZ zählt immerhin 760 Millionen Fotos.
Mit dem Einbau von Kameras in Mobiltelefone können wir
knipsen, wo immer wir sind, und dank mobilem Internet
sind diese Bilder schnell hochgeladen ins soziale Netzwerk
unserer Wahl.

Auch hier gibt es Vor- und Nachteile: Sie müssen Ihre
Lieben daheim nicht mehr mit einer stundenlangen Dia-
show oder Powerpoint-Präsentation über die zwei Wochen
Urlaub am Meer nerven, sondern schicken Ihnen einfach
einen Link zum Fotoalbum, das Sie jeden Tag vom Hotel
in Bali aus mit Fotos füllen. Mal den Neid außen vorge-
lassen, den Kollegen angesichts der Bilder, die Sie da am
Arbeitsplatz sehen, hegen werden, sie können so Kontakt
halten – falls Sie das wollen. Nicht selten gibt es während
des Urlaubs eine Unterhaltung mit den Daheimgebliebenen
wie „Schön der Tempel, wo ist das?" oder „Wann kommt
ihr heim?". (Es wird bisweilen davor gewarnt, Fotos vom
Urlaub zu veröffentlichen, weil man so Einbrechern zeigt,

dass man nicht zu Hause ist. Ich halte das für Unsinn, denn a) müsste der Einbrecher einer Ihrer Freunde sein, wenn Sie Ihre Privatsphäre-Einstellungen ordentlich geführt haben, und b) dürfte es für einen Einbrecher einfacher sein, Ihr Haus zu observieren, als durch Millionen Facebook-Kontakte zu klicken.)

Babys sind ebenfalls ein gern verwendetes Motiv. Freunde von mir schickten erste Alben direkt nach der Geburt, um die gute Nachricht zu verbreiten. In Zeiten einer immer schnelleren Kommunikation ist das wohl unabwendbar. Bisweilen frage ich mich nur, ob die Mutter nicht gerne etwas besser hätte aussehen wollen auf den Bildern. Auch hier gilt: Es ist nicht die technische Plattform, die daran schuld ist, sondern der Fotograf. Auch innerhalb der Familie sollte gefragt werden, ob man Bilder ins Internet stellen darf oder nicht. Und wer fragt eigentlich die Babys?

Problematischer sind Bilder von Festen und Partys. Es wird ausgelassen gefeiert, die Stimmung ist gut, das Bier fließt. Und wer lässt sich nicht manchmal zu mehr oder weniger harmlosem Unsinn verleiten? Schauen Sie einfach mal Bildergalerien vom Oktoberfest an. Schnell ist der Abteilungsleiter, der ohne Hemd auf dem Tisch tanzt, mit dem Handy geknipst und hochgeladen, bevor die Musik zu Ende ist. Mit den „Tagging"-Funktionen kann man sogar noch die Personen benennen, die auf dem Foto sind und, so jene im jeweiligen Netzwerk Mitglied sind, direkt zu deren Profil verlinken.

Vor allem bei studiVZ wurde dies bald zum Problem. Von Cyberbullying bis hin zu Bildern vom Ex, mit dem man nicht mehr virtuell gesehen werden will, gab es Beschwerden. Die VZ-Netzwerke haben die Einstellungen geändert, man kann, wenn man auf einem Bild verschlagwortet ist, dieses widerrufen. Am besten aber stellt man die gewünschten Rechte im Privatsphäre-Menü ein.

Bei studiVZ heißt es dort:

Hier kannst Du einstellen, ob Deine Freunde Dich auf Fotos verlinken dürfen. Wenn ja, kannst Du außerdem entscheiden, ob die Verlinkungen automatisch aktiv werden sollen oder erst, nachdem Du sie bestätigt hast.

Nicht-Freunde können Dich grundsätzlich nicht verlinken.

Facebook gibt folgenden Rat:

Es gibt keine Funktion für das Zustimmen zu Fotomarkierungen. Wenn du von einem deiner Freunde auf einem Foto markiert wirst oder wenn jemand in einem deiner Fotos markiert wird, wird der Markierungsanfrage automatisch zugestimmt. Allerdings kannst du Folgendes tun:

Stelle die „**Privatsphäre-Einstellungen**" so ein, dass „Fotos und Videos, in denen ich markiert bin" auf die „Nur ich"-Option festgelegt ist.

Stelle deine Benachrichtigungen so ein, dass dir immer mitgeteilt wird, wenn dich jemand auf einem Foto markiert oder eines deiner Fotos markiert. Diese Einstellung kannst du auf dem „Benachrichtigungen"-Reiter auf der „Kontoeinstellungen"-Seite festlegen.

Klicke auf „Markierung entfernen", wenn du das Foto anzeigst.

Kürzel wie **Y: N8** mögen kryptisch klingen, sind aber recht einfach zu entschlüsseln, in diesem Fall heißt es schlicht

„Night" als Abkürzung für „Good night". Was banal klingt, hat dennoch Bedeutung. Denn die Person hier verabschiedet sich quasi von seinen Freunden auf Facebook, so wie wir das im echten Leben auch tun, wenn wir eine Party verlassen oder ein Telefongespräch zu später Stunde beenden. Viele dieser realen Verhaltensweisen haben Einzug gehalten, von Begrüßungen wie „Hallo alle, gut geschlafen?" bis hin zu „Ich bin krank". Man lässt andere am Leben teilnehmen, auch um sich nicht allein zu fühlen. Wer krank zu Hause liegt, hat wenig Ansprache, die meisten Bekannten arbeiten, der Ehe- oder Lebenspartner eingeschlossen. Da ist es bisweilen eine Hilfe, über digitale Kanäle mit anderen verbunden zu sein (vor allem für Männer, die dann noch mehr jammern können, wenn sie eine Grippe haben). Aber Spaß beiseite: Wie oben beschrieben hat diese Form der Kommunikation nicht nur für alte Menschen eine wichtige Bedeutung. Hier zeigt sich, dass der Freundschaftsbegriff in sozialen Netzwerken eben doch eine Bedeutung hat, wie wir sie im ureigensten Sprachgebrauch kennen.

Was erfahren wir wirklich von unseren Freunden?

Facebook hat zwei sogenannte Newsfeeds, die uns Nachrichten von unseren Freunden lesen lassen: die Hauptmeldungen und die neusten Meldungen. Die Frage ist: Wer oder was bestimmt, welche Nachrichten dort veröffentlicht werden und vor allem welche Freunde bevorzugt oder benachteiligt werden? Die Antwort: ein **Algorithmus**. Ähnlich wie Google bei Suchergebnissen die Relevanz eines

Treffers berechnet, filtert Facebook Freunde für uns. Tom Weber, der für das US-Online-Magazin *The Daily Beast* schreibt, hat versucht, diesem Algorithmus auf die Spur zu kommen.[3] Er startete ein einmonatiges Experiment mit einem neuen Facebook-Nutzer namens Phil Simonetti und 24 Freiwilligen, deren Aufgabe es vor allem war, Simonettis Aktivitäten und Auftauchen in ihren Feeds zu registrieren. Folgende Entdeckungen wurden gemacht:

- Neulinge haben es besonders schwer, in Newsfeeds aufzutauchen. Phils Freunde nahmen ihn in der ersten Woche nicht wahr, obwohl er Nachrichten veröffentlichte.
- Interaktion mit Freunden ist alles. Je mehr kommentiert und geklickt wird auf einen Beitrag, umso besser.
- Neueste Meldungen sind nicht immer die neuesten Meldungen von allen.
- Nur bei anderen Fotos anzuschauen und Nachrichten zu lesen, bringt keine Popularität für einen selbst, wohl aber für die anderen.
- Wer einen Link postet, hat mehr Erfolg als derjenige, der nur Texte schreibt.
- Wer Fotos und Videos veröffentlicht, wird von Facebook besonders belohnt.
- Den Stars zu folgen, bringt nichts; besser ist es, mit einer kleinen Gruppe von Freunden zu beginnen.

Facebook bezeichnet alle Inhalte als Objekte. Wird mit einem Inhalt interagiert, also kommentiert, mit anderen geteilt, oder „Gefällt mir" geklickt, entsteht ein „**Edge**". Der

---

[3] http://www.thedailybeast.com/blogs-and-stories/2010-10-18/the-facebook-news-feed-how-it-works-the-10-biggest-secrets/.

Edge wird berechnet aus Interaktionen von anderen mit mir, einer Gewichtung, welche Art Aktivität es ist, und der Zeit. Je älter, umso weniger wichtig. Aus diesen Edges wir dann der Edge-Rank bestimmt, und je höher dieser ist, desto größer ist die Chance, in einem Newsfeed aufzutauchen.

Firmen haben dies längst erkannt und neben der **Search Engine Optimization** (SEO) gibt es nun auch die **News Feed Optimization** (NFO). Letztlich wird das zur Folge haben, dass wir mehr Nachrichten von Firmen in unseren Feeds sehen (so wir Fans dieser sind) und weniger von Freunden.

Viel problematischer aber ist das Filtern an sich. Facebook will natürlich nicht, dass wir völlig überfordert sind mit Nachrichten von unseren Freunden. Deswegen gibt es bestimmte Rankings, um zu gewährleisten, dass uns zumindest die wichtigsten Mitteilungen oder die der wichtigsten Menschen erreichen. Nur was bedeutet das für unsere Freundschaften? Sind Freunde solche mit hohem **Edge-Rank**? Kann ich Freundschaften damit jetzt quantifizieren?

Nun lohnt sich wieder ein Blick in die Vergangenheit. Wie haben wir Freunde eingeordnet in enge Freunde, wichtige Freunde, Bekannte, Freunde von Freunden? Letztlich haben wir alle unser eigenes Ranking entwickelt. Natürlich haben wir in der Schule versucht, den Klassenliebling kennen zu lernen und sein Freund zu werden. Aber wir waren nur einer von vielen, und um uns bei ihm beliebt zu machen, mussten wir auf uns aufmerksam machen, z. B. indem wir seine besten Freunde kontaktierten und versuchten, zu seinem inneren Zirkel an Freunden vorzustoßen. Ihn anzuhimmeln alleine brachte nichts.

Wir mussten ein wenig Lärm um uns veranstalten und aus strategischen Gründen versuchen, eine eigene Gefolgschaft aufzubauen.

Wichtig ist aber auch die Dosis. Wer nervt oder langweilig ist, fliegt raus. Christopher Sibona von der Colorado University analysierte 1 500 Facebook-Nutzer und ihre Twitter-Aktivitäten. Er wollte vor allem wissen, wann Freunde „**unfriended**" werden. Ein gutes Mittel ist, den 100. Beitrag über die Lieblingsband zu schreiben. Politische Diskussionen und provokante Statements sind ebenfalls für manche ein Grund, die virtuelle Freundschaft zu kündigen (diese aber können wiederum andere neue Freunde geradezu anziehen).

Letztlich greifen hier wieder die Modelle der Gruppendynamik, mit den Rollen als Führer, Spezialist, Arbeiter und Sündenbock. Wollen wir selbst Führer werden, müssen wir den Führer infrage stellen. Diese Konterdependenz-Phase machen Gruppen immer wieder durch. Die Methoden, die wir in dieser und auch anderen Phasen anwenden, sind letztlich dieselben, die uns auf Facebook voranbringen. Dabei geht es um die Strategie, die wir anwenden, nicht unbedingt um Maßnahmen wie Gerüchte (wobei ein gut gestreutes Gerücht auf Facebook eine Menge Edge-Rank bringt).

Ehrlich währt am längsten

Im Social-Media-Knigge steht, wie bereits erwähnt: Seien Sie ehrlich. Lügen haben im digitalen Zeitalter noch kürzere Beine als ohnehin schon. Und dieser Begriff der

Ehrlichkeit kennt viele Facetten. Sie müssen nicht einmal eine freche Lüge auftischen, um Probleme zu bekommen. Ein Beispiel: Ich hatte mich mit einem Freund zum Frühstück verabredet. Eine Stunde vor dem vereinbarten Termin schickt er mir eine SMS, er sei krank und wolle nur noch im Bett liegen und schlafen. Zehn Minuten später schreibt er auf Facebook gleich mehrere Beiträge über interessante Links, die er gefunden hat, welches Video er schaut, und kommentiert hier und da bei anderen Freunden. So schlecht scheint es ihm wohl nicht zu gehen. Je mehr Sie in sozialen Netzwerken über sich und Ihre Aktivitäten bekanntgeben, umso mehr müssen Sie immer wieder darüber nachdenken, welche Konsequenzen dies haben könnte.

Das Internet vergisst nichts, Daten werden auf unbestimmte Zeit gespeichert. Was Sie heute sagen, könnten Sie morgen bereuen. Ich will Ihnen damit keine Angst machen, sondern lediglich zum verantwortlichen Umgang aufrufen. Die gute Nachricht ist: Anders als in den frühen Tagen des Internets, als man nie sicher sein konnte, wer der Chatpartner eigentlich wirklich ist, sind Nutzer sozialer Netzwerke grundsätzlich ehrlich, wenn es um ihre Person geht.

In einem Artikel für die Association for Psychological Science beschrieben die Mainzer Wissenschaftlerin Mitja D. Back und ihre US-Kollegen, wie ehrlich wir sind, wenn es um unsere Person geht. Das Ergebnis: „Observer accuracy was found, but there was no evidence of self-idealization and ideal-self ratings did not predict observer impressions above and beyond actual personality. In contrast, even when controlling for ideal-self ratings, the effect of actual personality on OSN impressions remained significant for nearly all analyses."[4] Und weiter: „These results suggest that people are not using their OSN profiles to promote an idealized virtual identity. Instead, OSNs might be an efficient medium for expressing and communicating real personality, which may help explain their popularity."

Hierbei ging es natürlich um die Persönlichkeit, nicht so sehr um die Aktivitäten im Netzwerk. Aber ich denke, man kann vom einen auf das andere schließen. Wer über sich die Wahrheit sagt, wird wohl kaum erzählen, er reise im Rolls-Royce durch Deutschland, wenn es eben nur ein Fiat Panda ist. Fotos sind z. B. auch deshalb so beliebt, weil sie die Realität abbilden (mehr oder weniger). Wir mögen die Welt, wie sie ist, auch wenn wir manchmal von einer anderen träumen. Es hat einen Grund, dass Reality-Shows so beliebt sind (auch wenn die Produzenten einfach nicht verstehen, dass mehr Reality und weniger Inszenierung besser wären). Wir lieben den Tratsch aus der Nachbarschaft und wir bleiben stehen, wenn es einen Unfall gegeben hat. Das hat nichts mit Gaffen zu tun, sondern einem ureigenen Interesse an dem, was um uns herum geschieht. Und genau deshalb schätzen wir es, wenn unsere Freunde wahrhaftig sind in sozialen Netzwerken. Das Wort „sozial" bedeutet eben auch eine Art sozialer Kontrolle, Unwahres wird schnell aufgedeckt.

Der Vollständigkeit halber sei hier vermerkt, dass der englische Versicherer Direct Line im Oktober 2010 zu einem etwas anderen Ergebnis kam, wie eine von ihm in Auftrag

---

[4] Mitja D. Back et al. (2010): Facebook profiles reflect actual personality, not self-idealization. *Psychological Science* 21(3), S. 372–374. Erstveröffentlichung am 29.10.2010.

gegebene Studie zeigte. Dieser zufolge sind Menschen im persönlichen Gespräch ehrlicher als in einem Chat oder einer Twitter-Konversation. Allerdings wurde gefragt, ob man im virtuellen Raum ehrlicher sei, und nur 20 Prozent sagten ja. Daraus den Schluss zu ziehen, virtuelle Kommunikation ist unehrlicher, ist diskutabel.

Wie dünn das Eis ist, auf das man sich im Internet begibt, hat neulich **Konstantin Neven DuMont** erfahren. Der Jungverleger hatte lange Zeit im Blog des Journalisten Stefan Niggemeier kommentiert. Dann wurde es ruhig um ihn, und irgendwann tauchten plötzlich Kommentare unter anderen Namen auf, als deren Urheber Niggemeier aber Neven DuMont ausmachte – IP-Adresse sei Dank. Der Beschuldigte gab zu, dass die Kommentare von seinem Rechner kamen, dementierte aber die Autorenschaft und verwies auf Mitarbeiter, die Zugang zu seinem Rechner gehabt hätten. Nach einer heftigen Diskussion in der Medienlandschaft gab Konstantin Neven DuMont seinen Rücktritt von seiner Position im DuMont Schauberg Verlag bekannt, machte dann aber einen Rückzieher und wurde von seinem Verlag beurlaubt. Das Thema ist übrigens noch nicht beendet, Neven DuMont streitet sich gerade öffentlich mit seinem Vater.

Wie man eine ohnehin schon schlimme Situation noch schlimmer machen kann, indem man z. B. versucht, seine Identität zu verschleiern und das eigene Produkt hochzuloben, beweist das Desaster um das **WeTab** der Firma Neofonie. Schon der Start des Apple-iPad-Konkurrenten war schwierig, bei der ersten Präsentation zeigte man gar nicht das echte Gerät, sondern ein eilig zusammengebasteltes Modell, das aber dem eigentlichen Produkt recht nahekommen sollte. Als Ausrede gab man an, der Prototyp sei im Zoll steckengeblieben. Schließlich aber startete die Produktion und das Gerät war bei Amazon erhältlich. Die Medienkritiken waren alles andere als überschwänglich, und irgendwann hat sich der Neofonie-Chef Helmut Hoffer von Ankershoffen wohl gedacht: „Wenn keiner gut über uns schreibt, muss ich das wohl selbst machen."

Er legte sich einen Alias zu und lobte, was das Zeug hielt. Leider machte er das technisch ungeschickt, und der Blogger **Richard Gutjahr** deckte auf, dass der **Pseudonym-Account** des Lobpreisenden mit dem des Geschäftsführers verknüpft war. Dieser hielt dem öffentlichen Druck bald nicht mehr stand, gestand die Tat und trat als Geschäftsführer zurück. Wenn auch die Firma Neofonie keine Gerätegeschichte schreiben wird, ein Eintrag ins PR-Geschichtsbuch dürfte sicher sein. Der **Reputation** dürfte die Aktion auf keinen Fall dienlich gewesen sein.

Das Problem der Trolle

Auch wenn sich Ihre Kontakte in den sozialen Online-Netzwerken alle Ihre Freunde nennen, kann es trotzdem passieren, dass plötzlich einige nicht mehr so freundlich zu Ihnen sind. Neben den üblichen Animositäten im realen Leben kann ein Streit durch kontroverse Beiträge entstehen. Sie beziehen Position zu etwas, was anderen ein Dorn im Auge ist. Die sich kritisiert Fühlenden schreiben Kommentare, sie antworten, es gibt eine Gegenantwort usw. Was ein Vorteil solcher Kommentare ist, nämlich eine Diskussion online zu führen, kann auch danebengehen: dann nämlich, wenn sich ein **Troll** einschleicht.

Internettrolle sind Individuen, die in Online-Diskussionen bewusst provozieren und in der Regel die Diskussion vom Thema wegführen. Es geht ihnen meistens um Aufmerksamkeit. Trolle sehen dies naturgemäß anders, versuchen sich mit jedem anderen, der Beiträge schreibt, anzulegen, beleidigen gerne und versuchen, die anderen zu diskreditieren. Was tun?

In gemeinen Internetforen gibt es die Anweisung „Don't feed the trolls", was bedeutet, man soll gar nicht auf deren Beiträge eingehen. Weil es recht einfach ist für einen Troll, einen neuen Account in einem Forum zu erstellen, bringt das **Bannen** meist nichts. Man kann nur hoffen, dass er sich „weitertrollt", wenn niemand auf ihn eingeht. In sozialen Netzwerken sieht das etwas anders aus. Zum einen sind Sie der Hausherr Ihrer Pinnwand. Wer andere beleidigt, kann recht einfach – wie oben beschrieben – entfreundet werden. Bevor Sie das tun, sollten Sie zunächst über eine direkte Nachricht versuchen, den Troll zu besänftigen. Sie können auch die Nachrichten selbst einfach aus der Diskussion entfernen, sollten dies aber unbedingt öffentlich machen, da andere sonst schnell „Zensur" rufen.

In der Regel eskalieren Troll-Diskussionen in sozialen Netzen nicht in der gleichen Weise wie in Foren, weil diese meist anonym sind, während die sozialen Medien persönlicher sind. Wenn Sie alle Ratschläge zur Privatsphäre befolgen, sollten Sie gar keine Freunde haben, die sich hinter einem Pseudonym verbergen (bzw. deren Klarnamen Sie in diesem Fall nicht kennen).

Ich habe diesen Absatz bewusst nicht in Kapitel 3 eingefügt, weil es bei Trollen weniger um Ihre Beziehung geht, sondern um die Inhalte. Sie können mit einem Beitrag den besten Freund auf dem falschen Fuß erwischen, und schon bricht eine Diskussionslawine los, der Sie kaum noch gewachsen sind. Ein Streit kann immer eskalieren, und am Ende weiß man dann nicht mehr so genau, warum. Bis dahin ist es aber ein weiter Weg, und während sich Ärger im realen Leben bisweilen in Luft auflöst, bleiben Diskussionsbeiträge im Internet stehen. Und genau darin kann ein Problem liegen: Wenn eine Diskussion eskaliert ist und Sie selbst vielleicht ein wenig zu harsch im Eifer des Gefechts reagiert haben, werden das später andere Freunde sehen. Ob diese dann verstehen, dass hier eine momentane Erregung der Grund war, oder denken, dass Sie immer so sind? Erneut der Hinweis: Überlegen Sie dreimal, was Sie schreiben, und besonders in kontroversen Diskussionen ist es besser, bis zehn zu zählen und durchzuatmen, bevor man loslegt. Im Übrigen gilt dies auch, wenn Sie auf den Pinnwänden anderer schreiben.

Gesund werden durch virtuelle Freunde

Es mag etwas abwegig klingen, aber soziale Netzwerke haben Einfluss auf unsere Gesundheit. Dabei geht es nicht um Abhängigkeiten, die uns nächtelang vor dem Computer sitzen lassen. Dazu komme ich später. Es geht um die Bindungen, die wir haben, und welche Effekte das für uns haben kann.

Nehmen wir an, Sie liegen mit einer Grippe krank im Bett. Sie haben Zeit, also schreiben Sie im Netzwerk Ihren Freunden eine Nachricht über Ihren gesundheitlichen Zustand. Sie tun dies vielleicht, damit andere wissen, dass Sie zu Hause sind und nicht im Büro, vielleicht aber auch, um Zuspruch zu bekommen. „Gute Besserung" sind gern gesehene Kommentare in solch einer Situation. Und: In sozialen Netzwerken ist guter Rat billig. Freunde geben Hinweise, welche Medizin man nehmen sollte, ob Wadenwickel gut sind oder Beinwurztee.

Das Wirtschaftsmagazin *Businessweek* berichtete unter Hinweis auf eine Studie: „When it comes to online social networking, people are more likely to change habits that might affect their health when encouraged to do so by cyber conversations with friends they already know well and with whom they are in close contact, new research suggests."[5]

Damon Centola, Professor am renommierten Massachusetts Institute of Technology (MIT), fand heraus,[6] dass gerade immer wieder gegebene Ratschläge und wiederholte Ermahnungen von engen Freunden uns eher dazu bringen, uns zu ändern, als die weit entfernter Bekannter. Sogenannte **Health Buddies** werden als kompetente Ratgeber wahrgenommen. Geht es also um eine Grippeimpfung, dann ist die Wahrscheinlichkeit, dass wir uns impfen lassen, recht hoch, wenn dies enge Freunde empfohlen haben.

Konkret sah die Studie wie folgt aus: Über 1 500 Interessenten hatten in einem Gesundheitsforum ein anonymes Profil und gaben bestimmte Interessen im Gesundheitsbereich an. Sie wurden dann mit anderen Nutzern im Forum verbunden, die ähnliche Interessen hatten, eben

---

[5] http://www.businessweek.com/lifestyle/content/healthday/642742.html.
[6] Damon Centola (2010): The spread of behavior in an online social network experiment. *Science* 329(5996), S. 1194–1197.

jene Health Buddies. Die Teilnehmer bekamen E-Mails, wenn ihre Freunde im Forum aktiv waren, z. B. Beiträge schrieben oder auf andere antworteten. Es wurden aber auch E-Mails verschickt, wenn Freunde der Freunde aktiv waren. Die Teilnehmer waren in zwei Gruppen aufgeteilt: solche aus Netzwerken, die mehr Beziehungen in mehreren Ebenen hatten, und solche, in denen die Beziehungen sehr eng waren. Das Ergebnis: 54 Prozent derer aus Netzwerken mit engen Beziehungen nutzten das Forum, während solche aus eher lockeren Verbindungen nur zu 38 Prozent das Forum nutzten. Diese *clustered networks* galten lange als weniger effektiv gegenüber *long tie networks*, wenn es um die Verbreitung von Informationen ging. Je mehr enge Freunde im Forum aktiv waren, umso aktiver war man selbst. Centola fand heraus, dass es nicht allein eine Frage der Zahl der möglichen Verbindungen und der Intensität ist, sondern vor allem auch, wie oft eine Information wiederholt wird.

Nun ist das, was der Professor herausgefunden hat, eigentlich nicht neu. Auch im realen Leben machen wir, was unsere Freunde sagen, wenn es genügend sind. Deshalb sind Freunde schließlich auch da. Aus der Werbung wissen wir längst, dass neue Produkte erst dann akzeptiert und gekauft werden, wenn die Botschaft oft genug penetriert wurde.

Dies kann bisweilen auch schiefgehen. In dem zu Recht viel beachteten Buch von Nicholas Christakis und James Fowler *Connected: The Surprising Power of Our Social Networks*[7]

---

[7] Nicholas A. Christakis, James H. Fowler (2009): *Connected: The Surprising Power of Our Social Networks and How They Shape Our Lives.* New York/Boston/London. Little, Brown & Co. Deutsch (2010): Connected!: Die Macht sozialer Netzwerke und warum Glück ansteckend ist. Fischer (S.), Frankfurt.

wird beschrieben, wie sich bestimmte Gerüchte hartnäckig halten, weil sie sich immer wieder über soziale Netze (auch die im realen Leben) verbreiten. In den USA sind etwa 3,3 Millionen Einwohner allergisch auf Nüsse. Fast doppelt so viele haben eine Allergie gegen Meeresfrüchte. Pro Jahr werden 2 000 Menschen in Krankenhäuser eingeliefert, weil sie Allergiesymptome haben, und gerade mal 150 Menschen sterben pro Jahr in den USA an Lebensmittelallergien. Trotzdem gibt es so etwas wie eine Nusshysterie in den Vereinigten Staaten. Hersteller von Schokoriegeln müssen Hinweise geben, ob Nüsse verarbeitet wurden, Eltern verbieten ihren Kindern den Genuss von Erdnussbutter (was auch Vorteile hat, die aber nichts mit einer Allergie zu tun haben).

Die Autoren vermuten als Ursache eine MPI, eine **Mass Psychogenic Illness**. Es beginnt mit einigen wenigen Fällen von Nussallergie, andere kopieren diese Krankheit, aus welchen Gründen auch immer. Daraus entsteht eine Angst, die weitergetragen wird. Immer mehr Eltern verweigern Kindern Nüsse, die daraufhin keine Allergene bilden und tatsächlich Allergien entwickeln können. „MPI is a pathological phenomenon, but it takes advantage of a nonpathological process that is fundamental in humans, namely, the tendency to mimic the emotional state of others. Real laughter can be contagious and so can real happiness."

In ihrem Buch gehen die Autoren so weit zu sagen, dass Ansteckung ein realer Effekt in Netzwerken ist und bisweilen nicht genügend beachtet wird. Mathematische Analysen von Netzwerken brachten zutage, dass eine Person A mit einer Wahrscheinlichkeit von 15 Prozent glücklich ist, wenn ein direkter Freund dies auch ist. Wenn aber ein Freund des Freundes glücklich ist, dann ist die Chance, dass A es auch ist, bei immer noch zehn Prozent. Und bei einem Freund dritten Grades sind es noch sechs Prozent. Wenig zwar, aber dennoch erstaunlich.

Forscher der Leibniz Universität Hannover wollen genau diese Erkenntnisse nutzen, um schneller vor Pandemien warnen zu können. Die Meldung, dass ein Patient eine hochgradig ansteckende Krankheit hat, erfolgt in Deutschland bislang ausschließlich über die Krankenhäuser an die jeweils lokal zuständigen Gesundheitsämter. Diese leiten die Nachrichten an das Robert Koch-Institut weiter. Von hier aus oder von der Weltgesundheitsorganisation (WHO) kann die Warnung vor einer drohenden Pandemie ausgegeben werden. Insgesamt sind also mehrere Stationen eingeschaltet, bevor eine Warnung veröffentlicht wird und entsprechende Maßnahmen ergriffen werden. Das Meldesystem ist gründlich, aber langsam.

Online-Medien, Weblogs, wissenschaftliche und nicht wissenschaftliche Diskussionsforen sowie elektronische Kommunikation können ergänzende Informationen über das Auftreten von Krankheiten und deren Symptome liefern. Sie werden daher von den Gesundheitsorganisationen zunehmend als wertvolle Informationsquelle angesehen; die Informationen im Internet können helfen, die Möglichkeit der Früherkennung von Krankheiten zu erweitern. Ziel des von der Universität initiierten Projekts M-Eco (Projekt Medical EcoSystem) ist es daher, Internetinhalte, die von den Nutzerinnen und Nutzern selbst verfasst wurden (Open Access Media, User Generated Content), zu nutzen, um Hinweise auf das gehäufte Auftreten von Infektionskrankheiten zu erhalten. Dies können Beiträge über Symptome und Krankheiten in Foren sein, aber auch Einträge in Blogs.

Wie wichtig so eine Art der öffentlichen Aufklärung sein kann, zeigt eine Arbeit von Heiner Raspe[8] aus dem Jahr 2008. Er untersuchte zusammen mit Angelika Hueppe und Hannelore Neuhauser die Zahlen von Menschen mit Rückenschmerzen in Ost- und Westdeutschland. Dabei gab es eine erstaunliche Entdeckung: Vor der Wende gab es im Osten viel weniger Menschen, die über Rückenschmerzen klagten. Nach der Wende nahm die Zahl der Patienten kontinuierlich zu, bis sich die Zahl prozentual auf einem gleichen Level wie im Westen einpendelte. Nun wissen wir, dass kaum so viele Menschen aus dem Westen in den Osten übergesiedelt sind, um den Anstieg zu erklären. Die Wissenschaftler haben eine andere Hypothese: Rückenschmerzen sind eine *communicable disease*. In der Regel sind diese Schmerzen nicht diagnostizierbar, selten Folge einer Infektion oder eines Tumors. Nicht nur die Zahl der Kranken stieg im Osten an, sondern auch derer, die sich krankmeldeten. Offenbar „lernte" man im Osten die Krankheit: Man hatte deutlich einfacheren Zugang zu Informationen, gerade auch zu Zeitschriften, in denen immer wieder über das Problem Rückenschmerzen berichtet wird. Diese scheinen übrigens ein deutsches Problem zu sein; hier klagen 20 Prozent mehr Männer und Frauen über diese Beschwerden als in England. Im Europa-Durchschnitt liegt Deutschland 18 Prozent höher. Hierbei scheint weniger Imitation eine Rolle zu spielen als eine individuelle Änderung von Normen: Rückenschmerzen zu haben, ist akzeptiert und man kann sich ruhig mal krankmelden.

---

[8] Heiner Raspe, Angelika Hueppe, Hannelore Neuhauser (2008): Back pain, a communicable disease?, *International Journal of Epidemiology* 37(1), S. 69–74.

Was steckt dahinter, dass wir uns von Menschen beeinflussen lassen, die wir gar nicht kennen? Christakis und Fowler nahmen Daten als Basis, die seit 1948 erhoben werden (Framingham Heart Study). Zwei Drittel aller Erwachsenen im Ort Framingham hatten an der Studie teilgenommen. Aufgezeichnet wurde nicht nur der Gesundheitszustand, sondern auch andere, für die Autoren besonders wichtige Informationen, z. B. über Freunde, Nachbarn und Kollegen eines jeden Teilnehmers. Es konnte ein Netzwerk gezeichnet werden, insgesamt 50 000 Verbindungen. Nun ging es ans „Eingemachte": Die Forscher wollten herausfinden, warum es so viele übergewichtige Menschen gibt. Die ersten Daten zeigten deutlich, dass übergewichtige Menschen eher mit anderen Übergewichtigen verbunden waren. Gleiches galt für normalgewichtige Teilnehmer. Nun kann man annehmen, dass man eben gerne mit Menschen zusammen ist, die ähnlich sind (Homophilie). Dem ist auch so. Außerdem gibt es andere Umstände, etwa eine gemeinsame Vorliebe für Fast Food, die Menschen dick werden lässt. Aber die Frage war, gab es so etwas wie einen Patienten zero, jemanden, der als Erstes dick wurde und Fettsucht wie eine Krankheit verbreitete?

Stellen Sie sich vor, Sie werfen einen Stein in einen Teich. Vom Ort des Eintauchens breiten sich Wellen gleichmäßig aus. So in etwa stellen wir uns auch das Ausbreiten einer Krankheit vor. Tatsächlich ist es aber etwas komplizierter. Um bei dem Bild zu bleiben, braucht es eine Handvoll Kiesel, die geworfen werden und damit ein kleines Chaos anrichten. Tests der beiden Autoren ergaben eine Bestätigung für dieses Bild. Ja, Fettsucht kann sich innerhalb von engen Beziehungen verbreiten, aber es kann auch andere Gründe haben, z. B. weniger Sport, psychische Probleme, eine Scheidung, mit dem Rauchen aufhören. Sicher ist aber, dass jedes dieser Ereignisse ein Kiesel ist, der sehr wohl Wellen verursacht und damit andere beeinflusst. Wichtig ist, dass beste Freunde sich am meisten beeinflussen. Nehmen wir Frank und Dieter. Gefragt, wer Franks bester Freund ist, antwortet dieser: Dieter. Wenn Dieter gefragt wird, nennt er Frank. Beide sind damit eng befreundet. Wenn Dieter einen anderen Namen genannt hätte, weil Frank für ihn vielleicht nicht diese Bedeutung hat, wären bestimmte Effekte im Netzwerk zwischen ihm und Dieter halbiert.

Tatsächlich scheinen Effekte wie Fettsucht nicht in der direkten Imitation begründet zu sein, sondern in veränderten Normen und Gewohnheiten. Wir wollen nicht dick werden, aber wenn wir dick werden, akzeptieren wir es plötzlich. Irgendwo mag ein schlechtes Gewissen schlummern, aber unser **Netzwerk-Cluster**, in dem wir uns bewegen, sagt uns, alles sei gar nicht so schlimm.

Ein gutes Beispiel ist, wenn Sie mit dem Rauchen aufhören. Sie werden feststellen, dass Ihrem Beispiel andere folgen und diesen Leuten wiederum andere. Für Sie mag der Grund gewesen sein, dass Sie Treppen nur noch hechelnd steigen können, für andere der Krebstod eines Verwandten, für wieder andere, dass es zu teuer ist. All diese Argumente waren vorher vorhanden, und dennoch bedurfte es eines Netzwerkmitglieds, eine Art Bewegung zu starten.

Im Rahmen der Vortragsreihe *TED Talks* zeigte Derek Sivers in einem Video[9] anschaulich, wie wir imitieren und uns gegenseitig motivieren. Auf einer Wiese, auf der Men-

---

[9] http://www.ted.com/talks/derek_sivers_how_to_start_a_movement.html

schen sich sonnten, begann eine Person plötzlich zu tanzen. Das hatte zunächst keinen Effekt. Dann gesellte sich eine weitere Person hinzu. Und diese wiederum schaffte es, weitere zu motivieren, bis schließlich fast alle Sonnenanbeter tanzten. Das Video beweist geradezu, dass einer alleine nichts bewegen kann; hat er aber einen ersten Anhänger, macht ihn also jemand nach, dann hat er eine Bewegung gestartet. Dem zweiten Tänzer wurde geradezu vertraut. Im Video ist nicht die Rede von „vertrauen" Er mag zunächst nur seine Bekannten animiert haben, schließlich aber folgten alle Anwesenden. Das Video zeigt eigentlich, wie man eine Bewegung startet, aber eben auch, wie ein Netzwerk entsteht oder zumindest wie schnell sich Beziehungen bilden.

Warum wir andere gerne imitieren

Unser Gehirn kann erstaunliche Dinge vollbringen. Andere Menschen haben großen Einfluss auf unser Tun und Handeln, ohne dass wir es bemerken. Experimente in den USA zeigten, dass Neulinge an einer Hochschule, denen man zufällig leicht depressive Zimmergenossen zugewiesen hatte, innerhalb von drei Monaten ebenfalls Depressionserscheinungen aufwiesen. Wie Christakis und Fowler beschreiben, haben sogar Kellner einen Einfluss: Wenn diese gerade an einem „Bedienen mit einem Lächeln"-Programm teilnehmen, fühlen wir uns als Gast besser und geben mehr Trinkgeld. Zum Teil stammt das Nachmachen noch aus unserer Vorzeit: Zeigte jemand aus seinem Stamm plötzlich Angst, dann ängstigten sich die anderen auch. Er hatte wohl einen Feind gesehen oder ein Raubtier. Es war dem Überleben sehr zuträglich, sich schnell dem emotionalen Status des anderen anzupassen, als lange zu überlegen. Wir scannen quasi unsere Umgebung auf emotionale Signale und reagieren darauf oder, wie es die Autoren beschreiben: „You can tell whether your spouse is mad at you very quickly, but having her explain to you may take a good deal more time.“

Bereits 1858 veröffentlichte ein gewisser William Farr eine Arbeit über die Mortalität bei Paaren in Frankreich. Er fand heraus, dass Verheiratete länger leben als Singles und Verwitwete. In den folgenden Jahrzehnten rätselten Forscher, woran dies liegen könnte. Suchen sich nur solche Partner, die ohnehin schon gesünder sind? Wählen gesunde Paare eine gesunde Lebensumgebung? Eine weitere Arbeit fand heraus, dass Männer, deren Frau gestorben war, eine 40 Prozent höhere Chance hatten, innerhalb der nächsten sechs Monate ebenfalls zu sterben. So weit kann unser Verlangen, andere zu kopieren, gehen, ohne dass wir uns dessen bewusst sind.

The virtual city that doesn't sleep

Die Art und Weise, wie Frank Sinatra einst die Stadt New York besungen hat, passt auch ein wenig zum Hype um soziale Online-Netzwerke. „Start spreading the news, I'm leaving today, I want to be a part of it.“ Tatsächlich kommen neue Mitglieder hauptsächlich zu sozialen Netzwerken, weil Freunde sie einladen und man eben „dabei sein“ will. Und so wie Sinatra in eine Stadt wollte, die niemals schläft, suchen wir die 24-Stunden-Unterhaltung. Schauen Sie einmal nachts um 2 Uhr Ihren Twitter-Stream an oder die Status-Updates Ihrer Freunde. Sie werden sich wundern, wer sich nach Mitternacht noch so alles im Netz tummelt. Gearbeitet wird dabei weniger, viele nutzen die Zeit, um z. B. Videos anzuschauen. Vor allem bei Facebook machen eingebundene Videos mittlerweile einen Großteil der Beiträge aus. Soziale Online-Netzwerke bieten Unterhaltung pur und zu einem gewissen Teil auch gratis. Das akademische Medium Internet wird zunehmend weniger für Informationen als zur Unterhaltung genutzt. Die PR-Agentur Edelman fragte US-Amerikaner, wo sie sich am meisten unterhalten lassen. 32 Prozent nannten das Internet. Nur Fernsehen mit 58 Prozent steht noch weiter oben in der Liste. Gefragt, ob man „social networking sites" als Unterhaltung betrachte, sagten 58 Prozent Ja, 36 Prozent sagten Nein, der Rest war sich nicht sicher. Als man den Studienteilnehmern eine Liste mit Unterhaltungsangeboten vorlegte und sie diese mit „excellent", „very good", „good", „fair" oder „poor" bewerten sollten, bekamen soziale Online-Netzwerke zu 40 Prozent „excellent" oder „very good".

Soziale Spiele – das ganz große Business

Statistiken (Stand: Oktober 2010) sagen, es habe sich ein Plateau gebildet beim Wachstum der Erstellung von Inhalten in sozialen Netzwerken. Manche schließen daraus ein vorzeitiges Ende. Dies ist natürlich falsch. Aber es gibt so etwas wie eine Verlagerung. Immer mehr Zeit wird nicht damit verbracht, seine Freunde mit Nachrichten aus der realen Welt zu versorgen, sondern aus einer anderen, virtuellen. Der Erfolg des Spieles **Farmville** hat gezeigt, dass wir immer noch vom Schlaraffenland träumen und, sobald wir die Möglichkeit haben, uns in virtuelle Welten flüchten. Tagträume waren das früher mal. Heute sind es digitale Möhren, die bewässert werden wollen. Weil wir aber mittlerweile fast immer online und mit unseren Freunden per Netz verbunden sind, spielen wir auch nicht mehr alleine, sondern gemeinsam. „Games are an important way we connect with people, from family game night, to playing console games with siblings, to card games with friends", sagt Jared Morgenstern, Produktmanager für Spiele, im Facebook-Blog. Mehr als 200 Millionen Mitglieder spielen jeden Monat.

Der größte Anbieter ist derzeit die Firma Zynga, die auch Farmville geschaffen hat. Alleine an einem Tag spielen 33 Millionen Facebook-Teilnehmer deren Spiele, und man zählt stolze 215 Millionen Spieler pro Monat (dies widerspricht etwas den Zahlen von Facebook, ist aber letztlich nicht wichtig, weil es um Größenordnungen geht). John Doerr, Partner bei der Investmentfirma Kleiner Perkins, nennt Zynga einen „wahren Internet-Schatz" und die am schnellsten wachsende, profitabelste Firma mit den „glücklichsten Kunden", die man jemals im Portfolio hatte.

Social Games an sich sind nichts Neues, wir haben schließlich schon immer mit anderen Mensch-ärgere-Dich-nicht oder Monopoly gespielt. Als **World of Warcraft** und andere internetbasierte Rollenspiele aufkamen, begannen Millionen von Spielern ihre Fähigkeiten als Magier oder Ritter zu verbessern und sich in Gilden zu organisieren, um die Feinde besser schlagen zu können. Ich habe 2008 eine Frau in Bangkok kennengelernt, die ihr Einkommen aus dem Entwerfen von virtuellen Kleidern in World of

Warcraft bezieht. Die Grafik von Jon Radoff (Abb. 4.1) zeigt sehr anschaulich, wie sich Spiele entwickelt haben:

Ein gutes Beispiel für Social Games ist **Parking Wars**. Es geht bei diesem Spiel darum, Autos in den Straßen von Freunden zu parken, die auch mitspielen. Nun werden diese das mit allen Mitteln verhindern. Die soziale Komponente kommt nun durch das Netzwerk und den Freundschaftsbegriff: Weil wir in Netzwerken wissen, was unsere Freunde tun (meistens zumindest), können wir abschätzen, ob sie gerade spielen oder nicht. Ian Bogost[10] beschreibt es wie folgt: „Playing Parking Wars is an exercise in predicting friends' schedules. A colleague in Europe is likely to be sleeping during the evening in the States, and thus his street might offer safe haven at that hour." Kenne ich den Spieler nicht, weiß ich nicht genau, wann ich am besten mein Autos bei ihm parken kann.

Das genau ist der Unterschied zu anderen Spielformen. Bei Monopoly ist es egal, wer mein Mitspieler ist und welche Interessen er hat. Selbst wenn er Immobilienmakler ist, bedeutet das nicht viel für den Erfolg beim Spiel. Bei sozialen Netzwerkspielen ist dies anders: Ich kann aus seinem Status und seinen Meldungen ableiten, welche Bedeutung er gerade für meinen Spielerfolg haben könnte.

Ein weiterer Unterschied zu Spielen, die man auch vorher schon im Internet mit anderen gespielt hat, ist die Tatsache, dass wir immer sofort wissen, was unsere Mitspieler machen. Denn alle Spiele haben im jeweiligen Netzwerk einen Rückkanal. Kaufen wir Weizen für unsere Farm, wird

---

[10] http://www.gamasutra.com/view/feature/3579/persuasive_games_video_game_pranks.php?page=2.

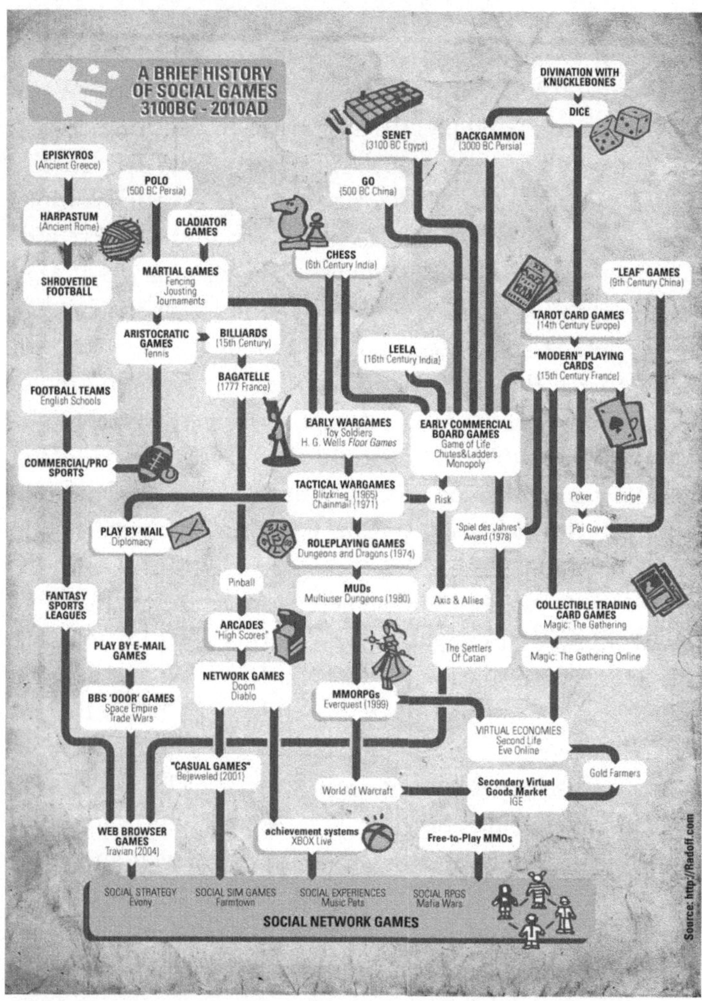

Abb. 4.1   Die Entwicklung von Spielen in den vergangenen 2000 Jahren. (Grafik erstellt von Jon Radoff, http://radoff.com); Abdruck mit freundlicher Genehmigung.

dies automatisch auf unsere Pinnwand geschrieben und unsere Freunde können das lesen. Spielen diese gerade mit mir das gleiche Spiel, können sie ebenso schnell auf die neue Entwicklung reagieren.

Und letztlich ist eine wichtige Voraussetzung für den Erfolg von solchen Spielen, dass sie einfach sind und jederzeit gespielt werden können. Sie können immer wieder für kurze Zeit ins Spiel, sich kurz vergnügen und dann wieder zurück an die Arbeit gehen (ich komme auf dieses Problem noch zu sprechen).

Wie nun wird Geld verdient? Durch das sogenannte **Freemium-Modell**. Das bedeutet, dass das Spiel an sich kostenlos ist, Zusatzangebote aber bezahlt werden müssen. Farmville ist eines der prominentesten und erfolgreichsten Spiele auf Facebook mit 61 Millionen Teilnehmern. 86 meiner 500 Freunde sind schon dabei. Wer hier Geld braucht, muss Farmville Cash oder Coins kaufen, je nach Menge zwischen einem und 50 US-Dollar. Abgerechnet wird über Kreditkarte. Man geht davon aus, dass alleine 2009 der Handel mit virtuellen Gütern 2,2 Milliarden Dollar ausgemacht hat und 2013 auf bis zu sechs Milliarden Dollar steigen könnte. Der Anteil der sozialen Spiele 2009 beträgt dabei geschätzte 500 Millionen Dollar – Tendenz steigend.

Facebook hatte nur den Anfang gemacht; manche Statistiken sprechen dem Übernetz nur 28 Prozent des Social-Games-Marktes zu, der Rest verteilt sich auf andere Netzwerke (Hi5, Orkut etc.) und Spieleanbieter, die ihre eigene Plattform haben (43 Prozent).[11] Auch der deutsche Anbieter studiVZ hat Spiele integriert, zusammen mit Spil

---

[11] ComScore, Mai 2010.

Games startete man die **Zapapa Games**. Qplay Mahjong z. B. ist eine digitale Version des mittlerweile auch außerhalb Asiens beliebten Brettspiels. Wer sich hier anmelden will, muss durch eine etwas langwierige, dafür aber wichtige Prozedur: Es geht um die Einstellungen, wer welche Informationen bekommen und sehen darf. Dies wiederum limitiert auch den sozialen Charakter: Bei den Zapapa Games sind es beliebige andere StudiZV-Teilnehmer, gegen die ich spiele. Das System sucht nach einem Mitspieler, mit dem ich dann auch chatten kann.

Ein eigenständiger Anbieter ist MyFreeFarm; auf www.myfreefarm.de gibt es eine deutsche Version des Spiels. Auch hier geht es, der Name verrät es schon, um einen Bauernhof, dessen Felder bestellt werden müssen, dessen Produkte gesät, geerntet und dann verkauft werden müssen. Hier bildet das Spiel sein eigenes Netzwerk: „Schließe Dich mit Freunden zusammen und gründet gemeinsam einen Bauernclub! Spielt Euch durch witzige Gildenquests, arbeitet Euch von der Bronze- bis zur Platinmedaille hoch und sprecht ab, wer gerade welche Produkte brauchen kann!" Letztlich geht man hier wieder zu den klassischen Online-Spielen zurück; der Unterschied zu den Rollenspielen besteht aber darin, dass die neue Generation zum einen browserbasiert ist und keinen Softwaredownload benötigt, zum anderen, wie oben erwähnt, einfach und unkompliziert zu spielen ist.

Neue Wege bei solchen Spielen, die ohne Installation auskommen, möchte auch die Firma United Prototype gehen, die mit **Fliplife** ihr erstes Spiel als Betaversion im August 2010 auf den Markt gebracht hat. „Mit dem Login ‚flippt' (wechselt) der Spieler sein Leben hin zu seinem virtuellen Ich, seinem Avatar. Als Spieler erschaffst du dir in unserem Spiel die Lebensumgebung, die dir persönlich am meisten zusagt, ob als Ergänzung oder als Gegenpol zum realen Leben."

Was nach Marketing-Sprache klingt und wohl auch ist, hat einen ernsten Hintergrund. Wollen wir wirklich einen Gegenpol zu unserem Leben erschaffen? Brauchen wir eine virtuelle Lebensumgebung? Ich werfe diese Fragen hier zwar auf, ich kann und will sie aber nicht beantworten. Dieses Buch soll eben auch eine Anregung sein, sich selbst zu fragen, wie weit wir gehen wollen mit unseren **digitalen Realitäten und Identitäten**. Es gibt kein Rezept dafür, keine Anleitung. Wer wie ich als Autor viel recherchiert und testet und letztlich als Freischaffender seine Aufträge über seine Präsenz im Internet bekommt, muss anders und offener auftreten als der Chef der Deutschen Telekom. Ich glaube kaum, dass auch nur einer der vielen René Obermanns bei Facebook wirklich der Telekomchef ist, gleichwohl glaube ich ebenso fest, dass er unter einem anderen Namen zumindest mal schaut, was in diesem Netzwerk so passiert. Es mag eine Frage der Generationen sein, aber wer heute quasi mit Facebook und Co. aufwächst, wird sich bald damit auseinandersetzen müssen, ob die Farmville-Beiträge nur für Freunde interessant sind oder auch Kollegen und Geschäftspartnern zugänglich gemacht werden sollen. Nehmen wir einmal an, der Freund eines Freundes, den ich nicht kenne, lädt mich zu einem Online-Spiel ein, und weil ich gerade Zeit habe und mein Freund diesen Freund vielleicht mal erwähnt hat, stimme ich einer Anfrage zu. Wir spielen gemeinsam, ich gewinne, er gewinnt, wir haben eine Menge Spaß. Der Zufall will es, dass dieser Freund in der gleichen Branche tätig ist. Was, wenn ich seiner Firma demnächst etwas verkaufen will? Nutze ich diesen Kontakt?

Ein weiteres Beispiel: Nehmen wir an, Ihre Freundin hat sich von Ihnen getrennt, Sie haben Ihren Beziehungsstatus auf Single gesetzt. Wo finden Sie jetzt einen neuen Partner? Spiele können eine einfache Möglichkeit bieten, sich zwanglos mit anderen die Zeit zu vertreiben und zu schauen, ob sich mehr daraus ergibt.

Spiele zwischen Freunden oder Zeit- und Geldverschwendung?

Ich habe Freunde Tag und Nacht Nachrichten schreiben sehen, was sie gerade in welchem Spiel erreicht haben. So kurzweilig die Spiele sind, so fesselnd sind sie für manche. Das System „Brot und Spiele" scheint auch in den sozialen Netzwerken zu funktionieren. Die Marktforscher von Nielsen haben herausgefunden, dass wir immer mehr Zeit mit virtuellen Spielen verschwenden. Wenn man die im Internet verbrachte Zeit in einer Stunde zusammenfassen würde, dann läge der Spieleanteil zumindest bei den in den USA Befragten bereits bei sechs Minuten, 13 Minuten werden für soziale Netzwerke angegeben. Man kann auch dort noch einen Anteil für Spiele abziehen, weil die Fragestellung nicht eindeutig war (schließt sie Facebook-Spiele mit ein oder nicht?). Im Sommer 2010 schockte eine Untersuchung des Job-Anbieters MyJobGroup.co.uk die Briten: Bis zu 14 Milliarden Pfund gehen der britischen Wirtschaft an Arbeitszeit verloren, weil Angestellte soziale Netzwerke nutzen. Manche Arbeitgeber haben inzwischen entweder die Nutzung per Dekret verboten oder technisch blockiert. Etwas gelassenere Chefs sperren nur die Spiele im Firmennetz. Nun muss die Nutzung von Netzwerken an sich noch keine Zeitverschwendung sein (siehe Abschnitt „Karriereplanung in sozialen Netzwerken" in Kapitel 6), bei Spielen wird es, aus der Sicht des Unternehmens, jedoch offensichtlich.

Die US-Firma Vitrue[12] analysierte den Datenverkehr von Facebook in den USA und stellte die größten Ausschläge um 11 Uhr, um 15 Uhr und um 20 Uhr fest. Wann haben Sie Ihr Leistungstief? Das dürfte genau um 11 Uhr sein, wenn die Mittagspause naht, und gegen 15 Uhr, weil Sie dann schlicht müde von der Arbeit werden und das sogenannte Fresskoma nicht mehr aufhalten können. Am Abend dann, wenn wir mit dem Essen fertig und die Kinder im Bett sind: Zeit für soziale Online-Netzwerke. Übrigens ist 3 Uhr die absolute Spitzenzeit bei Facebook, und mittwochs sind die Nutzer am aktivsten. Zur vollen Stunde schauen wir gerne noch mal rein, während wir um „Viertel nach" unsere Freunde Freunde sein lassen. Der Sonntag gehört aber auch auf Facebook der Familie oder zumindest der Offline-Welt.

Ebenso problematisch ist die Zeitverschwendung, wenn Jugendliche, statt Hausaufgaben zu machen, **Mafia-Wars** spielen. Weniger, weil da geschossen wird, sondern weil die Verlockung schlicht zu groß ist. Computerspiele können ein Einstieg in Abhängigkeitsszenarien sein, ohne dass es dem Spieler bewusst ist. In der Regel liegt das nicht am Spiel selbst. Wie wir wissen, funktionieren Abhängigkeiten über das Belohnungssystem, letztlich also suchen Hardcore-Spieler eine Art Ersatzbefriedigung.

---

[12] http://go.vitrue.com/l/4162/2010-10-19/26PB9.

Und es droht noch eine andere Gefahr, nämlich die der Geldverschwendung. Denn wer gut sein will, muss zahlen. Ohne Kohle keine Waffen, kein Saatgut, keine Autos, was auch immer man braucht für das Spiel. Acht von zehn der 14- bis 24-Jährigen unterhalten heute ein Sparkonto, 63 Prozent haben bereits ein Girokonto. Kein Problem also, per Online-Transfer für seine virtuellen Güter zu bezahlen. Verbraucherschützer versuchen Eltern Ratschläge zu geben, wie sie verhindern können, dass der Nachwuchs das Sparschwein für Online-Spiele schlachtet.

So empfiehlt die österreichische Jugendschutzseite Saferinternet.at unter anderem:

- Spielen Sie mit Ihrem Kind gemeinsam!
- Lassen Sie sich die Spiele von Ihrem Kind erklären!
- Thematisieren Sie den kommerziellen Aspekt dieser Spiele!
- Helfen Sie Ihrem Kind beim Ausstieg aus dem Spiel, wenn es das möchte!
- Machen Sie Ihr Kind stark gegen den Gruppendruck!

Vor allem Letzteres dürfte schwierig sein. Das Kind empfindet womöglich den Druck gar nicht als solchen. Es ist die gleiche Art **Gruppendruck**, die in Cliquen herrscht: Wenn alle anderen zu McDonald's gehen, möchte man dies natürlich auch. Wenn die anderen im Supermarkt Süßigkeiten klauen, dann wird man selbst auch schnell in Versuchung geführt. Es sind also nicht die Spiele selbst, die verführen, sondern letztlich die Freunde im Netzwerk (auch wenn Spiele die Einstiegsschwelle etwas herabsetzen).

Saferinternet hat einige sehr praktische Empfehlungen für Jugendliche parat, von denen mir eine besonders gut gefällt:

„Um beim **Social Gaming** erfolgreich zu sein, muss man immer wieder ganz schön viel Zeit investieren. Doch manchmal sind andere Dinge im Leben einfach wichtiger – und das ist gut so. Eine vertrocknete Pflanze (z. B. bei Farmville) lässt sich ja ohnehin schnell wieder ersetzen. Wenn du gleich Pflanzen mit längerer Wachstumsphase anbaust, hast du auch weniger Stress.“

Hier zeigen sich die Vorteile von Social Games: Man lernt, Strategien zu entwickeln. Nicht nur, dass hier Siegertypen geboren werden, sondern trotz der recht einfachen Struktur der Spiele gilt es, den besten Weg zu finden, das Spiel erfolgreich zu beenden oder zumindest rasch die nächste Ebene zu erreichen. Letztlich beinhaltet Freundschaft auch Konkurrenz, vor allem bei Jugendlichen. Man misst sich untereinander, ob früher im Sport oder bei Räuber und Gendarm: Bei Sieg hört die Freundschaft auf.

Wolfgang Fehr und Jürgen Fritz[13] haben in einem Heft für die Bundeszentrale für politische Bildung sehr anschaulich dargestellt, wie Computerspiele letztlich eng mit unserer Lebensrealität verbunden sind. So lernen Jugendliche, dass sie Dinge erledigen und etwas zu Ende bringen müssen. Sie werden vor Prüfungssituationen gestellt und, sehr wichtig auch bei Social Games, „bei vielen Simulationen geht es darum, das eigene Einflussgebiet zu vergrößern (Civilization, Siedler, Command and Conquer). Im wirklichen Leben geht es bei den meisten Menschen nur darum, Macht und Einfluss in der Clique, der Schulklasse oder in ‚ihren‘ Firmen und Verwaltungen zu erweitern.“

---

[13] Wolfgang Fehr, Jürgen Fritz (1983): Videospiele in der Lebenswelt von Kindern und Jugendlichen. In: Bundeszentrale für politische Bildung (Hrsg.) *Computerspiele. Bunte Welt im grauen Alltag*, S. 48–66.

Erwachsene sehen das etwas gelassener, aber ich habe auch schon Bekannte recht laut fluchen hören, wenn deren Freunde in einem Online-Spiel plötzlich besser waren. Letztlich versuchen auch wir Dinge zu kompensieren, wenn wir spielen. Im Spiel können wir uns mit unseren Freunden messen, ohne dass dies zu ernsthaften Konsequenzen führen muss.

Spiele-Expertin Dr. Monica Mayer beschreibt in ihrer Dissertation, warum wir so gerne spielen. „Einerseits können virtuelle Welten also der Bewältigung von Problemen dienen, indem sie eine Situation simulieren, in der gefahrlos (weil folgenfrei) verschiedene Handlungsmöglichkeiten durchgespielt werden können. Andererseits besteht die Gefahr, dass die Bewältigung solcher Probleme im virtuellen Raum per se eine solche Befriedigung verschafft, dass die realen Probleme, die ja nur stellvertretend gelöst werden, nicht mehr angegangen werden."[14] Aber auch äußere Umstände führen Menschen vom Realen ins Virtuelle: „Noch mehr als öffentliche Plätze, die das Treffen von Bekannten und Unbekannten als Begleiterscheinungen von Konsumhandlungen ermöglichen, fehlen heute Plätze, in denen Menschen sich ungezwungen treffen können, ohne den Drang, konsumieren zu müssen. Dies ist für gutbürgerliche Jugendliche besonders auffällig: Außerhalb ihrer eigenen Elternhäuser haben sie kaum Möglichkeit, ihre Freunde zu treffen, ohne dafür ihr knappes Taschengeld ausgeben zu müssen. Jugend- und Schülertreffs sind häufig wegen fehlender Betreuung verwahrlost, sind oft von Gangs eingenommen und bieten einen eher gefährlichen Umgang."

---

[14] Monica Alice Mayer (2009): *Warum leben, wenn man stattdessen spielen kann? Kognition, Motivation und Emotion am Beispiel digitaler Spiele.* Boizenburg: Verlag Werner Hülsbusch.

Aber auch Erwachsenenwelten unterliegen einem strukturellen Wandel. „Die ‚Vergesellschaftung' löst das Individuum aus kleinen, engen, zudem stark von Verwandtschaft geprägten Gruppenbeziehungen in – vornehmlich auch durch neuere Kommunikationstechniken forcierte – schwächer bindende Beziehungskonstellationen", beschreibt Gerit Götzenbrucker[15] in seinem Buch *Soziale Netzwerke und Internet-Spielewelten* die Veränderung, der wir heute gegenüberstehen. Und ebensolche schwächer bindende Beziehungen gehen wir auch in Spielewelten ein, die uns beides bieten: Beziehungen und Unterhaltung.

Gruppen und Foren: Eine eigene Kultur

Wenn ich an Gruppen in sozialen Netzwerken denke, dann fallen mir spontan jene ein, die ich auf wer-kennt-wen so gefunden habe. Die oben genannten Griller auf Verkehrsinseln sind nur eine von vielen. Ein ehemaliger Klassenkamerad, den ich bestimmt 25 Jahre weder gesehen noch gesprochen hatte, lud mich zu der Gruppe „Wir tanken nicht bei Aral (BP), Shell und Total" ein. Diese hat immerhin fast 300 000 Mitglieder, also war ich neugierig und nahm die Einladung an. Dahinter steckt der Versuch, durch einen Verzicht, bei den großen Benzinverkäufern zu tanken, die Preise zu drücken. Ein geradezu lächerliches Unterfangen. In dieser Gruppe befinden sich fünf meiner Freunde, alles Freunde, denen ich zutrauen würde, die Lächerlichkeit des Gruppenanliegens zu durchschauen. Warum aber sind sie

---

[15] Gerit Götzenbrucker (2001): *Soziale Netzwerke und Internet-Spielewelten.* Wiesbaden: Westdeutscher Verlag.

Mitglied und warum ist zumindest einer der Aufforderung gefolgt, „DIESE GRUPPENEINLADUNG AN WEITERE MITGLIEDER WEITERLEITEN"? (Großschreibung aus dem Gruppenbeitrag übernommen).

Interessant wird es, wenn man sich die Aktivitäten in der Gruppe anschaut. Da werden plötzlich ganz andere Themen diskutiert, etwa der Stuttgarter Bahnhof, die Atomlobby und Knochenmarkspender. Natürlich gibt es auch Tipps zum Günstiger-Tanken, aber das Thema, nämlich die Ölmultis einzuschüchtern, findet man in neueren Beiträgen immer weniger.

Und gemeinsam ist man vielleicht stark, aber eine Gruppe schafft offenbar noch keine Gemeinsamkeit an sich. Viele Beiträge sind mehr oder weniger gute Scherze. So schreibt beispielsweise ein Mitglied, dass er nicht bei … tanke, weil er gar keinen Führerschein habe. Ein Sturm der Entrüstung bricht los. „Vielen Dank XXXXXX, dass Du jetzt auch zu denen gehörst, die mit unsinnigen Themen hier immer mehr Seiten produzieren … Doch Hut ab vor so viel Intelligenz !!!!", schreibt ein Mitglied und wird wiederum beschimpft: „Du teilst ja gerne aus, entweder nicht ausgelastet oder unzufrieden? Oder beides????"

Nun sind Mitglieder in Gruppen nicht automatisch Freunde in einem Netzwerk, aber zumindest versuchen sie eine Kommunikation untereinander. Dabei macht der Ton die Musik, und diese ist oft genug laut und schräg. Warum benehmen wir uns in virtuellen Räumen anders als im wahren Leben? Warum attackieren wir andere so schnell und heftig, statt dreimal durchzuatmen und dann besonnen an die Sache heranzugehen? Zumal wir ja durch das Schreiben an sich mehr Zeit zum Nachdenken haben als in einem persönlichen

Gespräch, wo einem schon mal schnell etwas herausrutscht, was das Gehirn vielleicht noch im Entwurfsstadium hatte.

Es scheint die Distanz zu sein. Solange wir dem Gegenüber nicht wirklich gegenüberstehen, nutzen wir offenbar die Distanz aus, um aggressiver zu sein. Wir können angreifen, ohne selbst angegriffen zu werden (zumindest glauben wir das). Und: Die soziale Kontrolle in Foren und Gruppen greift nicht so schnell wie unter Freunden. Die Gruppendynamik lehrt uns, dass Auseinandersetzungen quasi Teil einer Gruppe sind und für deren Fortbestehen auch wichtig. Letztlich bedarf es eines Prozesses der Orientierung, in der sich Führungspersonen hervortun; diese müssen dann ihre Position versuchen zu halten und schließlich die Gruppe zu einen. Weil in Internetgruppen immer neue Mitglieder hinzukommen, wird dort der Führungsanspruch immer öfter infrage gestellt, und es gibt quasi permanente Streitereien zwischen Platzhirschen und Neuankömmlingen. Je kontroverser die Themen, umso mehr Streit. Je sachlicher, wie in manchen Computerforen, umso entspannter die Beiträge.

Ich will hier nicht das Bild von Foren entstehen lassen, in denen permanent gezankt wird. Weil es in diesem Buch aber darum geht, wie sich unsere Beziehungen verändern, will ich diese Thematik wenigstens in Grundzügen ansprechen. Ich komme am Ende dieses Abschnitts auf die vielen Vorzüge von Gruppen zu sprechen. Ich habe weiter oben schon Trolle erwähnt, die versuchen, gezielt Foren und Diskussionsgruppen zu stören. Sie haben dabei keine bestimmten Teilnehmer im Sinn, es geht um das (Zer-)Stören an sich.

Weitaus ernster zu nehmen ist das Phänomen des **Cyberstalking** oder **-bullying**. Je nach Definition werden beide Begriffe für das gleiche Auftreten von Drangsalierung im Internet bezeichnet. Ich möchte hier trennen zwischen Stalking, das in der Regel von einer Person ausgeht, und Bullying, das in der Regel von mehreren Personen angewendet wird. Beides findet man auch oft unter dem Begriff **Cybermobbing**.

Gemein ist allen Begriffen, dass sie ein aggressives zielgerichtetes Verhalten gegenüber einer Person zum Inhalt haben. Es geht darum, jemanden „fertigzumachen". Während Stalker oft lediglich einer Person folgen, sie quasi überwachen, bisweilen auch kontaktieren und so immer mehr in die Enge treiben, gehen Gruppen beim Bullying sehr aggressiv vor: mit öffentlichen Beschimpfungen, Schmäheinträgen in öffentlichen Foren und Chatrooms sowie Veröffentlichungen vermeintlich kompromittierender Videos. Ich habe bereits die Geschichte vom Star Wars Kid genannt. Hier war es wohl weniger Bullying als ein Scherz, der einfach zu weit ging. Im September 2010 stellten Studenten ein Video eines Kommilitonen ins Internet, in dem er beim Sex mit einem Mann zu sehen war. Auch dies ging deutlich zu weit – so weit, dass der heimlich gefilmte Student Selbstmord beging.

Die Online-Ezyklopädie Wikipedia[16] nennt einige Ursachen für dieses Verhalten:

- Langeweile: wenn beispielsweise aus Spaß ein Foto negativ bewertet wird;
- interkulturelle Konflikte: Differenzen wegen unterschiedlicher Nationalitäten, Sprachen, abweichendem Aussehen;

---

[16] http://de.wikipedia.org/wiki/Cyber-Mobbing.

- Machtdemonstration: das Bedürfnis, Stärke zu zeigen;
- Angst: um nicht selbst zum Mobbingopfer zu werden, will man lieber zur Gruppe gehören;
- Anerkennung: cool sein, das Bedürfnis, sich Geltung, Einfluss sowie Prestige zu verschaffen;
- das Zerbrechen einer Liebe, Freundschaft, Beziehung: Hassgefühl, oft weiß der Täter intime Details.

Wer sich die Liste anschaut, wird feststellen, dass nichts davon (der erste Punkt vielleicht ausgenommen) mit Internet, Foren oder sozialen Online-Netzwerken zu tun hat. Das Phänomen selbst ist so alt wie die Menschheit. Wir sind schon immer gemein zu uns gewesen. Wir haben schon immer die Drittklässler drangsaliert, wenn wir gerade in die vierte Klasse gekommen waren. Wir haben Tribunale in der Clique abgehalten und Freunde aus derselben verbannt. Dies sind wichtige Prozesse, die Jugendliche durchmachen. Wir haben aber auch später vor dem Haus der Ex-Freundin gewartet, um zu sehen, ob sie einen neuen Freund hat. Manche haben horrende Summen ausgegeben, um ihrem Star nachzureisen und bei jedem Konzert ein Autogramm zu bekommen. Und einige haben sich auf die After-Party eingeschlichen und sind vielleicht sogar mit dem Schlagzeuger ins Hotel gegangen. Ich will damit dieses Verhalten nicht gutheißen, sondern aufzeigen, dass wir es nicht mit neuen Dingen zu tun haben. Neu ist lediglich, dass es uns einfacher gemacht wird, jemanden zu verfolgen oder zu drangsalieren.

Ich kann mich erinnern, dass ich bereits vor mehr als zehn Jahren über einen Fall von Cybermobbing in der Lokalzeitung, für die ich damals arbeitete, geschrieben hatte. Mitschüler hatten in einem Online-Forum einen Schüler diffamiert. Was in der Zeit vor dem Internet nur als Gerücht und über Mund-zu-Mund-Propaganda funktionierte, ist heute auf virtuelle Wände geschrieben – und das macht die Sache so schlimm. Wenn Sie früher über einen Schüler schlecht redeten, dann erfuhren es Ihre vier oder fünf besten Freunde, und von denen trugen vielleicht zwei das Gerücht weiter. Ähnliches gilt fürs Getratsche im Büro. Wenn Sie heute in einem Forum eines sozialen Netzwerks über jemanden herziehen, erfahren es alle Ihre Freunde. Und ich wage zu behaupten, dass es uns die Technologie einfacher macht, an solchen Drangsalierungen teilzuhaben. Mussten wir früher erst einmal auf eine Gelegenheit warten, bis das Opfer für eine Attacke überhaupt zur Verfügung stand, können wir im 24-Stunden-Internet einen Beitrag schreiben und schon werden alle informiert – und je nach Einstellungen bekommt das Opfer sogar eine E-Mail, was über ihn oder sie gerade geschrieben wurde. Es hat einen Grund, dass studiVZ z. B. das Taggen von Fotos einschränkte: Gerade hier wurde zu viel Schindluder getrieben.

Nehmen wir an, Sie arbeiten in einer Firma mit 500 Angestellten und hatten eine Betriebsfeier. Natürlich ist es eine gute Idee, wenn alle ihre Fotos von dem lustigen Abend an einer Stelle veröffentlichen und alle Kollegen sich die Bilder anschauen können. Wenn Ihre Firma ohnehin schon solch eine Gruppe in einem sozialen Netzwerk hat, umso besser. Schwierig wird es, wenn Kommentare wie „Herr Müller, besoffen wie immer" auftauchen oder ein harmloser Begrüßungskuss auf die Wange zwischen Abteilungsleiter und Sekretärin als „Das war nur der Anfang" kommentiert wird.

Hier zeigt sich deutlich der Unterschied zum herkömmlichen Büroklatsch. Jenen Kommentar haben Sie früher vielleicht fallenlassen, als Sie gemeinsam mit Ihren Kollegen ein paar ausgedruckte Bilder angeschaut haben. Sie haben einen Witz gemacht, alle lachten und schon war alles vorbei. An einem Kommentar im Internet sehen Sie nicht, ob es ein Witz ist oder nicht, es lacht auch niemand. Sie sehen nicht, ob vielleicht jemand die Augen verdreht, weil er es nicht komisch findet.

Und genau das macht die Kommunikationen in Foren und Gruppen bisweilen so schwierig. Emoticons wie ☺ oder ☹ sind ein nur unzureichendes Mittel, Gefühle auszudrücken. Was ist das für ein Lachen, ein heiteres oder ein höfliches, ein Auslachen oder das Lachen über den eigenen Witz?

In einer Festschrift zum 60. Geburtstag des Soziolinguisten Werner Kallmeyer[17] beschrieb Wilfried Schütte bereits 2002 die Problematik: „In der **Face-to-Face-Interaktion** (im Internet auch knapp *f2f* genannt) gibt es sanfte Mittel, eine Eskalation des Konflikts zu bereinigen. Neben den kulturell etablierten Höflichkeitsregeln sind das vor allem die Mehrkanaligkeit der Kommunikation (z. B. können hochgezogene Augenbrauen als Warnsignale dienen) und ihre Verankerung in einem reichen sozialen Kontext, auch bei einer langjährigen gemeinsamen Kommunikationsbiografie, was bei flüchtigen Internet-Begegnungen nicht gegeben ist. Dass sich Konflikte über *Flame*-Mails aufschaukeln können, zeigt, dass die Kommunikation im Internet in ganz besonderer Weise erweiterte Möglichkeiten, aber auch Risiken bietet."

---

[17] Wilfried Schütte (2002): Normen und Leitvorstellungen im Internet – Wie Teilnehmer/-innen in Newsgroups und Mailinglisten den angemessenen Stil aushandeln. In: Inken Keim, Wilfried Schütte, Werner Kallmeyer: *Soziale Welten und kommunikative Stile: Festschrift für Werner Kallmeyer zum 60. Geburtstag.*

Damals waren noch Mailinglisten und Chatforen bei Yahoo das, was heute studiVZ und wer-kennt-wen sind. Haben wir uns zu Anbeginn noch hinter Pseudonymen versteckt, publizieren wir in den sozialen Online-Netzwerken heute unter unserem wirklichen Namen und mit einem Profil, das uns mehr oder weniger wahrhaftig beschreibt.

Es gibt nach meinem Wissen noch keine ausführliche Forschungsarbeit darüber, ob das Verwenden von wahren Identitäten den Ton und das Benehmen in Foren geändert hat. Das Beispiel über die Tankstellen-Aktion hat gezeigt, dass selbst mit der wahren Identität Diskutanten sich im Ton vergreifen. Dagegen zeigt eine der vielen Stuttgart-21-Gruppen, wie Aktivisten durch Gruppen zusammenfinden und – ohne privat miteinander bekannt zu sein – einen freundschaftlichen Ton anschlagen:

> Thilo: „Bitte den vollständigen Link angeben … ansonsten erscheint bei mir nur ein großes, dickes, schwarzes "Not Found"^^"
> Rosie: „Entschuldigung, Thilo!" (Es folgte der geforderte Link.)

Kontroverse Themen können sowohl zu Flame Wars[18] führen als auch Menschen mit gemeinsamen Interessen enger zusammenschweißen. Gerade bei der Diskussion um den Stuttgarter Hauptbahnhof konnte man feststellen, dass sich gar nicht einmal Befürworter und Gegner persönlich angriffen. Die Gegner des Projekts griffen vielmehr den eher abstrakten Staat an. Getreu dem Motto „Gemeinsam

---

[18] Kontroverse Diskussion, die schließlich in gegenseitigen Beleidigungen ausartet.

sind wir stark" wurde in unzähligen Foren, Facebook-Seiten und Diskussionsgruppen vor allem ein Wir-Gefühl geschaffen. Im genannten Beispiel wurden Links ausgetauscht, vor allem brachte man sich gegenseitig auf einen gemeinsamen Wissensstand.

> „Grüne KÖNNEN nicht versprechen … Es hängt davon ab, welche Verträge wie geschlossen wurden. Je weiter der Bau voran schreitet, umso schwieriger dürfte das Stoppen werden. So einfach ist das leider alles offensichtlich nicht. Am nicht WOLLEN liegt es also nicht."

> „So, hier gibts Nachhilfe von Tante Wikipedia. Links zum Thema Volksbegehren, und –Entscheid:…"

Und damit sind wir bei den Gründen, warum Foren so unglaublich hilfreich sind. Ich habe bewusst erst einmal ein wenig schwarzgemalt, weil es ja um Beziehungen geht und diese nun einmal ihre Schattenseiten haben. Aber letztlich sind wir alle harmoniebedürftig, und deshalb suchen wir uns meist auch **Foren und Gruppen**, in denen Gleichgesinnte sind. Es hat einen Grund, warum die so modernen und innovativen sozialen Online-Netzwerke noch immer Gruppen, Foren oder ähnliche Funktionen haben. Während, wie auch hamburg.de-Geschäftsführer Georg Konjovic bestätigte, die Diskussionsfreudigkeit bei Facebook sich eher in Antworten auf Pinnwandeinträgen zeigt, sind bei anderen, vor allem aber den deutschen Netzwerken, Foren unverändert beliebt. Und das zu Recht: Suchen Sie im Internet einmal nach „Windows 7 startet nicht, Blauer Bildschirm". Ich bekam als ersten Treffer das Forum von tomshardware.de.

Im erstgenannten Forum gab es auf Bitte nach einer Lösung des Problems (die um 0.33 Uhr gestellt wurde) schon um 1.15 Uhr die erste Antwort. Der Fragesteller hatte bereits 55 Beiträge in diesem Forum geschrieben und galt im eigenen Bewertungssystem trotzdem noch als „Youngster". Die erste Antwort kam von einem „Veteranen" mit 2666 Beiträgen. Am nächsten Tag war das Problem gelöst. Suche ich bei studiVZ nach „Windows 7 startet nicht", erhalte ich keinen Treffer. Es gibt zwar Gruppen zu Windows, aber die meisten sind lediglich solche von Gegnern des Betriebssystems oder Fans.

Hier zeigt sich der wesentliche Unterschied zwischen den klassischen Foren und denen in sozialen Netzwerken: Nicht die Information steht im Mittelpunkt, sondern die Person. Wer ein Problem hat, muss *seine* Freunde fragen. Selbst wenn die Information technisch gesehen vorhanden wäre (beispielsweise weil andere Teilnehmer dieses Problem erörtert haben), solange Sie mit den Autoren nicht befreundet sind, bleibt sie Ihnen vorenthalten.

Man kann dies auch zum Anlass nehmen, über die Offenheit und Transparenz des Internets an sich zu diskutieren: Bewegen wir uns zunehmend in geschlossenen virtuellen Welten statt einem für alle zugänglichen Internet? Bestimmen Mark Zuckerberg und Co. demnächst, welche Informationen wir bekommen und welche nicht? Oder bestimmen etwa unsere Freunde, welche Informationen wir bekommen? Manche Firmen verlagern gar schon ihre Webseiten zu Facebook, weil sie dort mehr Konsumenten wittern, mit denen sie in Kontakt treten können. Das mag richtig sein, nur schließen sie damit die „Laufkundschaft" aus, die, aus welchen Gründen auch immer, zufällig auf eine

Homepage kam. Ähnliches könnte auch Foren drohen, deren Privatsphären-Einstellungen zu eng sind. Es wird der Zugang zu Informationen erschwert. Letztlich kann dies auch zur Belastung von Beziehungen führen. Wenn wir nicht mehr „Tante Google" fragen (können), sondern nur noch unsere virtuellen Freunde, dann könnten diese entweder irgendwann genervt sein oder aber ein möglicherweise falsches Bild davon bekommen, wie hilflos wir sind. Der Erfinder des Internets, Tim Berners-Lee, warnte in einem Artikel vor den Datensilos, die die großen Netzwerke aufbauen und vor allem verwalten: „Wer einmal Daten bei diesen Diensten eingibt, kann diese nicht einfach so auf anderen Seiten verwenden. Jede Seite ist ein Silo, strikt getrennt von den anderen. Ja, die Nutzerseiten bei einem Dienst sind im Web, aber die Daten sind es nicht. Nutzer können eine Webseite mit einer Liste ihrer Kontakte bei einem Dienst aufrufen, aber sie können diese Liste oder Teile davon nicht an andere Dienste senden."[19] Durch restriktive Privatsphäreneinstellungen, aber auch fehlende Offenheit der Systeme selbst werden wir zunehmend von Informationen ausgeschlossen. Berners-Lee laut Spiegel: „Je weiter diese Art von Architektur sich verbreitet, desto fragmentierter wird das Web und desto weniger können wir einen universellen, verbundenen Informationsraum genießen."

---

[19] Zitiert nach http://www.spiegel.de/netzwelt/web/0,1518,730259,00.html.

5

Soziales Kapital: Profitieren aus sozialen Netzwerken

Wenn ich im Titel-Wortspiel von der „Ware Freunde" spreche, dann hat dies nicht nur damit zu tun, dass wir als Werbeträger benutzt werden oder unsere Profilinformationen und Aktivitäten Demografen als Basis für neue Kampagnen und Statistiken dienen. Nicht nur wir selbst sind bewertbar – als Konsument oder eben auch als Arbeitskraft (Human Capital) –, sondern auch unsere Beziehungen. Hierfür haben die Soziologen den Begriff „**soziales Kapital**" entwickelt: Er bezeichnet quasi den Wert der Beziehungen, genauer die Gesamtheit der Ressourcen, die mit der Teilhabe am Netz sozialer Beziehungen verbunden sein können. Der Begriff selbst ist alt, er wurde schon 1916 benutzt, später verwendete auch die Frankfurter Schule das soziale Kapital, vor allem Theodor W. Adorno. Letztlich entsteht soziales Kapital durch die Bereitschaft der Bürger, miteinander zu kooperieren.[1] Sie bilden eine Vertrauensbasis, auf der Kooperationen und gegenseitige Unterstützung gedeihen können. Das Vertrauen wiederum wird geschaffen durch eine Norm, die festlegt, dass gegebene Leistungen auch wieder

---

[1] Pierre Bourdieu (1983): Ökonomisches Kapital – Kulturelles Kapital – Soziales Kapital. In: Reinhard Kreckel (Hrsg.): *Soziale Ungleichheiten*. Göttingen: Schwartz. 2. Aufl. 1990.

eingefordert werden können, in welcher Form auch immer. Wenn ich also in einem Netzwerk die Frage stelle, wie man einen Marmorkuchen backt, dann werden mir selbst Fremde antworten, weil sie erwarten, dass ich ebenfalls Fragen beantworte, so weit ich das kann. Aber es geht noch weiter: In einer Gesellschaft mit hohem sozialen Kapital werden Konflikte innerhalb von Gemeinschaften gelöst. Manche Konflikte entstehen gar nicht erst. So werden in Kanada traditionell Haustüren nicht abgeschlossen, weil man der Gemeinschaft vertraut. Zu den gesellschaftlichen Bereichen, bei denen soziales Kapital wichtig ist, gehören Umweltschutz und Integration. Beides lässt sich nicht alleine durch Gesetze lösen, sondern bedarf eines Diskurses und Konsensus sowie eines veränderten Bewusstseins. Diese Veränderung ist nur durch Interaktion in Netzwerken möglich.

Die Kommission der Europäischen Union hat 2004 versucht, das soziale Kapital der Gemeinschaft zu messen. Man fand heraus, dass es in der EU ein Nord-Süd-Gefälle gibt. Vor allem in den Ländern Skandinaviens fand man hohe Werte, wenn es um Vertrauen, Netzwerke und Zivilgesellschaft ging. Es scheint, als ob sich hier der Einzelne ohne Probleme und mit Eifer in den Dienst der guten Sache stellt. Dabei spielt vor allem der Sozialstaat mit seinem Versorgungssystem eine große Rolle. Er wird als notwendig und unterstützenswert akzeptiert.

In den Südländern dagegen machten die Forscher eine Herausforderung für das soziale Kapital aus. Vor allem allzu enge Familienbande ließen eine Ausweitung nicht zu. „However, in these countries, family ties which are too strong, together with deficiencies in the welfare systems,

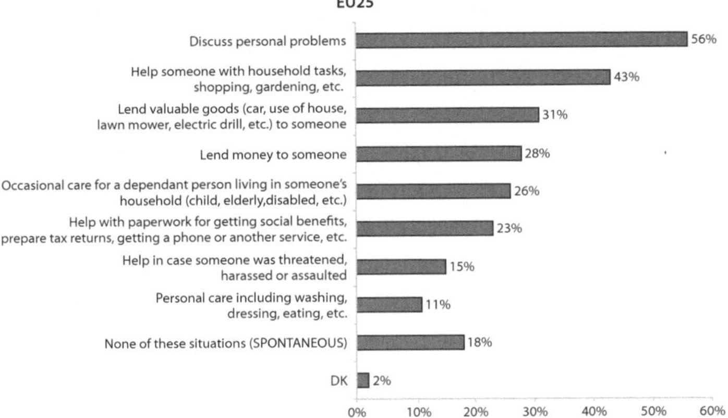

Abb. 5.1   Die Grafik zeigt die Bereitschaft der EU-Bürger, an der Entwicklung von sozialem Kapital teilzunehmen. Quelle: EU-Kommission.

appear to be inhibiting wider ,bridging' and networking relationships."[2]

Aber es lauern noch andere Gefahren für das soziale Kapital: So gaben lediglich zwölf Prozent der Befragten an, sich um eine Person über 65 Jahre zu sorgen. Die Versorgung der Alten ist Staatsaufgabe, meinen die meisten. Gefragt, ob man sich vorstellen könne, eine aktive Rolle in einer politischen Gruppe zu spielen, antworteten 81 Prozent mit „Nein". Es scheint, als ob wir unser Vertrauen in den Staat verlieren und nicht mehr aktiv daran teilhaben wollen. Zumindest bauen wir unsere Brücken ab, eben die politische Teilhabe.

---

[2] European Commission (2004/2005): *Special Eurobarometer Social Capital*, S. 88.

Soziales Kapital und soziale Online-Netzwerke

Wie ist nun der Zusammenhang zwischen sozialem Kapital und sozialen Online-Netzwerken herzustellen? Bilden und vergrößern wir mit unseren virtuellen Beziehungen reales soziales Kapital? Wenn es nach der viel zitierten Studie von Ellison, Steinfield und Lampe geht, dann ist dem so. 2007 untersuchten die drei Forscher Studenten und ihre Aktivitäten auf Facebook. Man wollte wissen, inwieweit soziales Kapital gebildet und bewahrt wird. „Regression analyses conducted on results from a survey of undergraduate students (N = 286) suggest a strong association between use of Facebook and the three types of social capital, with the strongest relationship being to bridging social capital."[3]

Demgegenüber steht eine Arbeit, die Dr. rer. nat. Bertolt Meyer in der Schweiz von Studenten erstellen ließ. Er hatte sich gewundert, dass die Autoren der Originalstudie die Nutzung von Facebook als unabhängige Variable verwendeten, d. h. die Nutzungsintensität von Facebook nicht mit weiteren Variablen erklärten. Also wurde der Fragebogen erweitert, nämlich um Facebook-Nutzungsintensität, soziales Kapital, Selbstwert und Lebenszufriedenheit. Außerdem wurden die Persönlichkeitsmerkmale Extraversion, Neurotizismus, Gewissenhaftigkeit, Verträglichkeit und Offenheit mit eingearbeitet. Das Ergebnis fasst Meyer in seinem Blog zusammen: „Im Ergebnis

---

[3] Nicole B. Ellison, Charles Steinfield, Cliff Lampe (2008): *The Benefits of Facebook "Friends:" Social Capital and College Students' Use of Online Social Network Sites*, Department of Telecommunication, Information Studies, and Media, Michigan State University, http://jcmc.indiana.edu/vol12/issue4/ellison.html.

zeigt sich tatsächlich, dass eine höhere Nutzungsintensität (mehr Freunde, mehr Zeit auf der Plattform) dazu führt, dass die Nutzer über mehr soziales Kapital verfügen und zufriedener sind, wenn man ihre Persönlichkeit außer Acht lässt. Nimmt man jedoch die Extraversion als Persönlichkeitseigenschaft in die Berechnung auf, verschwinden die Zusammenhänge fast gänzlich: Je stärker die Extraversion eines Menschen, desto mehr soziales Kapital hat er, und desto mehr ist er auf Facebook unterwegs und desto zufriedener ist er."[4] Wer also von sich aus schon sehr kontaktfreudig ist, wird natürlich in sozialen Netzwerken erfolgreich sein und schnell soziales Kapital bilden. Dies aber liegt eben an der eigenen Persönlichkeit und nicht am sozialen Netz und den sich bietenden Chancen. Oder wie Meyer es formuliert: „Die Effekte der Facebook-Nutzung auf das soziale Kapital und auf die Lebenszufriedenheit sind unter Berücksichtigung der Effekte der Extraversion kaum vorhanden."[5]

Die Studenten Till Büser, Stephan Heilmann, Sebastian Hoos, Julia Friesel, Björn Jansen und Christian Wenske haben sich im Auftrag von Prof. Marina Hennig im Rahmen einer Projektarbeit an der Humboldt-Universität die Mühe gemacht, sich das Netzwerk studiVZ genauer anzuschauen. „Sozialkapital in Online-Communities" ist ihre Arbeit überschrieben, in der sie drei Hypothesen überprüfen wollten:

---

[4] http://myowelt.blogspot.com/.

[5] Im Rahmen der Studie kam es zu missverständlicher Berichterstattung in den Medien. „Facebook macht unglücklich" hieß es in verschiedenen Zeitungen, weil in der Tat die Nicht-Facebook-Nutzer in der Studie glücklicher schienen. Das Problem war nur, dass die Zahl der Nichtnutzer zu klein und der Effekt zu schwach waren, um signifikant zu sein.

- Je aktiver ein Nutzer im studiVZ ist, desto mehr Sozialkapital ergibt sich aus der Nutzung des studiVZ.
- Je heterogener das Alteri[6]-Netzwerk, desto mehr Hilfeleistungen erwartet ein Nutzer von ihm.
- Die Art der erwarteten Hilfeleistung ist abhängig von der Stärke der Beziehungen.

Untersucht wurden Studenten der Humboldt-Universität, die Mitglied bei studiVZ sind. Ihnen wurde ein Fragebogen gegeben, der ihr soziales Kapital erfassen sollte. Dazu gehörten Fragen wie „Wenn Du Hilfe bei einem Umzug benötigst, gibt es jemanden im studiVZ, den Du dort fragen würdest?" oder „Wenn Du technische Probleme hast (z. B. mit dem Computer), gibt es dann jemanden in studiVZ, den Du dort um Rat fragen würdest?".

Ingesamt gab es 128 gültige Datensätze von Befragten zwischen 18 und 34 Jahren; das Durchschnittsalter lag bei 24 Jahren. Ein Viertel nutzt das Netzwerk mehrmals täglich, ein Drittel mehrmals die Woche. 85,9 Prozent gaben an, über das Netzwerk Hilfeleistungen zu bekommen.

Eine Erkenntnis der Untersuchung: „Schaut man sich in diesem Kontext die Anzahl der Alteri an, die den Befragten potenziell Hilfestellungen gewähren, so ist zu erkennen, dass in den meisten Fällen weniger Alteri als Hilfeleistungen existieren. Das bedeutet, dass oftmals ein Alter mehrere Hilfeleistungen gewähren kann."

Die Überprüfung der ersten Hypothese, nämlich des Zusammenhangs zwischen Aktivität und Sozialkapital, ergab:

---

[6] Als Alteri werden Freunde in einem Netzwerk bezeichnet, während man selbst das Ego ist. Das ist Soziologensprache ☺.

Tab. 5.1   Freunde erwarten von Freunden mehr als nur eine Hilfeleistung, wie die Tabelle zeigt. Abdruck mit freundlicher Genehmigung von Marina Henning.

	Anzahl der erwarteten Hilfeleistung im studiVZ	n Befragte	gültige Prozente	kumulierte Prozente	kumulierte Prozente
gültig	1,0	10	7,8	9,1	9,1
	2,0	11	8,6	10,0	19,1
	3,0	9	7,0	8,2	27,3
	4,0	11	8,6	10,0	37,3
	5,0	8	6,3	7,3	44,5
	6,0	8	6,3	7,3	51,8
	7,0	17	13,3	15,5	67,3
	8,0	10	7,8	9,1	76,4
	9,0	19	14,8	17,3	93,6
	10,0	7	5,5	6,4	100,0
	gesamt	110	85,9	100,0	
	fehlend	18	14,1		
gesamt		128	100,0		

„Die Kommunikation des Gesamtnetzwerks mit den Befragten zeigte so gut wie keinen Effekt auf die Höhe des **Sozialkapitals**. Dies könnte ein Hinweis auf die Selbstwahrnehmung der Befragten im studiVZ sein. Sie scheinen vielmehr von ihrer eigenen Aktivität bei der Bewertung der Höhe ihres Sozialkapitals auszugehen als von der Kommunikation ihres Netzwerks mit ihnen."[7]

Auch die Heterogenität spielte offenbar keine große Rolle. „Die Annahme, dass mit dem studiVZ schwache Beziehungen zu Bekannten in anderen Städten oder mit anderen Studieninteressen einfacher gepflegt werden können, bestätigt sich insgesamt also nicht." Diese Aussage gilt allerdings nur eingeschränkt, denn wenn man einzelne Hilfeleistungen betrachtet, kann die Heterogenität sehr wohl eine Rolle spielen, z. B. hat das Geschlecht eine große Gewichtung bei technischen Problemen. In der Berliner Untersuchung wurde kein einziger weiblicher Bekannter als mögliche Hilfe bei technischen Problemen benannt.

Auch die These von Zusammenhang zwischen Art der Hilfeleistung und Stärke der Beziehungen hielt der Überprüfung nicht stand. Was aber möglich ist: Starke Beziehungen können emotionales Kapital generieren. Auffallend viele Studenten gaben an, sich bei engen Freunden auch emotional geborgen zu fühlen.

Auch wenn es einige methodische Einschränkungen gibt, wie die Homogenität der Gruppe (alle waren Studenten an

---

[7] Till Büser, Stephan Heilmann, Sebastian Hoos, Julia Friesel, Björn Jansen, Christian Wenske (2009): *Sozialkapital in Online-Communities. Untersuchung studentischer Netzwerke im studiVZ*. Abschlussarbeit zum Projektseminar Individualisierung und Netzwerke im Zeitalter des Internets. Humboldt-Universität, Berlin.

der gleichen Uni) und die Frage, wie man ausschließlich im Netzwerk generiertes soziales Kapital messen kann, so zeichnet sich doch ein gewisser Trend ab.

Fazit der Abschlussarbeit: „Ob bloße Mitgliedschaft im studiVZ und ein üppiges Freundesverzeichnis also schon als ausreichend angesehen werden, um Hilfeleistungen erfragen zu können, sollte in Zukunft detaillierter untersucht werden."

Die Grenzen verschwimmen, wenn Dienste wie **Formspring** oder **Yahoo! Answers** per Schnittstellen integriert werden können. Wer dann auf diesen Plattformen eine Frage stellt, schickt das auch ins soziale Netzwerk und kann so dort soziales Kapital generieren, auch wenn der Ursprung eigentlich woanders ist. Wer auf Twitter den Suchbegriff „Wer kann mir" eingibt, bekommt eine Menge Antworten (hierbei spielen übrigens Alteri keine Rolle). Die Forschung ist, was soziales Kapital und soziale Online-Netzwerke betrifft, ohnehin am Anfang. Die Definitionsprobleme für soziales Kapital an sich machen es nicht einfacher.

Karriereplanung in sozialen Netzwerken

Die oben angesprochene Arbeit von Granovetter, in der die besten Stellenangebote von Freunden von Freunden kamen, zeigt, dass soziale Netzwerke bei der Jobsuche eine Rolle spielen. Ich selbst habe alle meine Jobs über meine Netzwerke bekommen, niemals über Bewerbungen auf Stellenanzeigen. Allerdings hatte ich in der Regel schon einen Kontakt zu meinen späteren Arbeitgebern. Sie waren nicht wirklich Strong Ties, aber auch keine Weak Ties. Ich würde sie zu Bekannten zählen, nicht zu Freunden.

Unabhängig von Begriffen glaube ich fest daran, dass wir heute ohne Netzwerke keine Jobs mehr bekommen. Der Grund liegt zum einen darin, dass wir alle fast gleich qualifiziert sind. Es gibt eine mehr oder weniger gleiche Ausbildung (schon alleine durch die Ausbildungsverordnung), selbst Studenten verlassen die Uni in der Regel mit dem gleichen Wissensvorrat. Die Komponente Erfahrung wird bei der Bewerbung durch Jugend ausgeglichen – letztere ist billiger. Wenn wir also auf dem Papier gleich sind, wie soll man dann einen Job bekommen oder den richtigen Bewerber auswählen?

Jobsuche im Netzwerk

Sie kennen sicherlich die einschlägigen Anbieter von **Online-Stellenanzeigen** wie Monster.de und StepStone.de. Ich selbst habe auf diesen Seiten immer mal etwas Interessantes gefunden, so richtig begeistert war ich nie. Meinen letzten Job habe ich bekommen, weil mich jemand um Rat gefragt hat und ich dann vorschlug, eine Stelle daraus zu machen und mich einzustellen. Meine Frau bekam ihre letzten Jobs ebenfalls dadurch, dass sie die richtigen Leute in ihrem persönlichen Netzwerk fragte. Ich suche heute nicht mehr nach einer Stelle, ich suche nach einem Unternehmen, für das ich arbeiten möchte, und nach einem Job, der mir Spaß macht. Sicherlich mag das für viele ein Idealzustand sein, und ich will damit weder das Arbeitslosenproblem lösen noch jene herabwürdigen, die aus der Not heraus froh sind, überhaupt einen Job zu haben. Ich kenne auch diese Situation persönlich. Dennoch habe ich nicht aufgegeben, fest an Netzwerke als besten Ort für die Jobsuche zu glauben. Sehen Sie unter www.facebook.com/karriere.fanpages doch einmal nach, wer dort alles Jobs anbietet.

Eine Studie der Universität Oldenburg und der Internetagentur Construktiv will herausgefunden haben, dass der Dienst Twitter bereits von 30 Prozent der bekannten Marken genutzt wird, die auch Jobs anbieten. Nehmen wir an, Sie sind gut in Marketing, vor allem im Lebensmittelbereich. Sie finden bei den klassischen Stellenanzeigen zwar Anzeigen für Jobs im Marketing, wenn es aber um Branchen geht, sieht es schlecht aus, zumal Sie ja auch nicht bei jeder Firma arbeiten möchten. Es gibt also eine Menge Streuverlust. Und wenn wir voraussetzen, dass Sie noch einen Job haben und nur etwas Neues probieren wollen (also keinen Zeitdruck haben), dann können Sie sich eigentlich aussuchen, wo Sie arbeiten möchten. Gerade wer in bestimmten Branchen länger gearbeitet hat, kennt Firmen, die eine gute Reputation haben, und solche, bei denen man nicht für alles Geld der Welt arbeiten will.

Es kann also durchaus sinnvoll sein, bei der Stellensuche direkt bei Firmen vorbeizuschauen. Die meisten haben heute einen entsprechenden Human-Ressources-Bereich auf ihren Webseiten, in dem Stellenanzeigen veröffentlicht werden. Aber wer hat schon Lust, jeden Tag mehrere Webseiten zu durchforsten?

Die Lufthansa z. B. hat eine eigene Facebook-Seite für Bewerber (www.facebook.com/#!/BeLufthansa). Zwar wird nicht jeder Job auf der Pinnwand veröffentlicht, aber es gibt eine Jobsuche auf der Seite und Sie können interessante Jobs auf Ihrer Pinnwand veröffentlichen und damit

– Granovetters Traum – allen anderen Freunden das Angebot mitteilen, und diese können es wiederum weiterverbreiten. Wenn Sie also für die Lufthansa arbeiten wollen, sollten Sie ein Fan werden (wahrscheinlich sind Sie es schon).

So schön übrigens die Offenheit ist, mit der das Unternehmen auf Facebook kommuniziert, so seltsam scheint es, wie Bewerber damit umgehen. Ich würde beispielsweise Folgendes nicht auf die Pinnwand schreiben: „Sehr geehrtes Facebook-Team der Lufthansa, ich hatte mich bei Ihnen für eine Ausbildung zum Kaufmann für Speditions- und Logistikdienstleistungen beworben. Das telefonische Interview wurde durchgeführt und dort wurde mir gesagt, dass man sich innerhalb von 2 Wochen mit mir in Verbindung setzen wird. Leider habe ich bis heute keine weitere Rückmeldung erhalten. Können Sie mir vielleicht etwas dazu sagen? Bewerbernummer: 123456" (Nummer geändert). Ich finde, der Bewerber (der ja mit Namen und Foto erscheint) hätte dies entweder allgemeiner formulieren oder, besser, einfach anrufen sollen.

Kienbaum Communications hat 2010 eine Studie in Auftrag gegeben, bei der es um die Nutzung von privaten Social Networks als Plattform für **Employer Branding** und Personalmarketing ging. Das ernüchternde Ergebnis: „Insgesamt wird die Präsenz von Arbeitgebern in privaten Social Networks bislang eher negativ wahrgenommen, da die Nutzung dieser Portale dem Privatleben zugerechnet wird. Viele der Studienteilnehmer glauben einfach nicht an den Nutzen, den die Arbeitgeber- und Jobsuche über das Social Web bringen könnte. Und der Topgrund, der potenzielle Bewerber davon abhält, Fan/Follower eines Arbeitgebers zu werden, ist die Befürchtung, dass das Unternehmen auf das private Profil des Users (mit allen Fotos und „privaten" Inhalten) zugreifen könnte (was wohl letztendlich auch an der negativen Meinungsmache in den Medien und dem Googeln nach Bewerbern liegen mag)."[8]

Aha, werden Sie sagen, was redet der Herr Wanhoff dann von Chancen und neuen Jobs, wenn das so schlecht angenommen wird? Wird es nicht. Ich zitiere weiter: „Als sinnvollste Features und Inhalte für Fanpages oder Twitter-Meldungen werden eindeutig die aktuellen Stellenangebote betrachtet: 30,8 % der Gesamt-Zielgruppe sehen darin einen Vorteil." Dem kann ich mich nur anschließen.

Die Otto Group z. B. schickt Updates zu neuen Stellen über den Nachrichtendienst Twitter (@otto_jobs), zeigt diese Nachrichten aber auch auf der Fanpage Otto Group Karriere auf Facebook an. Interessant bei Otto ist vor allem die Sprache: „Wir haben die Jobbörse auf unserer Karriereseite überarbeitet: Ab sofort gibt es eine ausführliche Suche auf der Startseite. Außerdem kann man mehrere Kriterien gleichzeitig auswählen und die Anzahl der jeweils vorhandenen Jobs wird direkt angezeigt. Was haltet Ihr davon? Besser, schlechter …? Wir freuen uns über Feedback :-)." Überlegen Sie einmal, ob die Personalabteilung der Firma, in der Sie arbeiten, auch so mit Ihnen redet?

Man mag das ein wenig zu anbiedernd empfinden, zu kumpelhaft, aber es ist nun einmal ein Freundesnetzwerk, und als Bewerber fühle ich mich vielleicht in einer solchen Umgebung wohler als in der oft sehr kühlen Atmosphäre eines Human Ressources Center.

---

[8] http://kienbaumcommunications.wordpress.com/2010/08/19/studie-zur-nutzung-von-privaten-social-networks-als-plattform-fur-employer-branding-und-personalmarketing-die-ergebnisse/.

Unternehmen müssen auch in Zeiten von hoher Arbeitslosigkeit darauf achten, dass sie Qualität statt Quantität bekommen. Es werden nicht Beschäftigte gesucht, sondern Mitarbeiter. Die deutsche Sprache unterscheidet da schon fein. Und genau dies kann man sich zunutze machen. Wer sich vernetzt, hat schlicht Zugang zu mehr Informationen. Ich habe weiter oben beschrieben, welche Grenzen das hat und was Studien darüber sagen. Letztlich aber ist es, besonders was die Jobsuche angeht, einen Versuch wert. Sie investieren zwar Zeit, aber wenig bis gar kein Geld. Und: Sie können aktiv nach Jobs suchen, in denen Sie sich wohlfühlen.

Audi hat ebenfalls eine Karriereseite bei Facebook (www.facebook.com/karriere.fanpages#!/audikarriere). Auch hier überrascht – wie schon bei Lufthansa – die offene Kommunikation auf beiden Seiten. Bewerber posten, was früher in einem Brief stand (und entsprechend lange auf Antwort warten ließ), und bekommen ebenso öffentlich eine Antwort. Für die Unternehmen hat dies einen Vorteil: Man kann gleich alle über die Fragestellung und Lösung informieren und so vermeiden, immer wieder die gleichen Themen ansprechen zu müssen. Für den Bewerber hat es den Vorteil, schnell eine Antwort zu bekommen (da wird auch noch abends um 21 Uhr geantwortet). Außerdem hat man das Gefühl, ernst genommen zu werden, auch wenn der Absender nicht einmal einen Namen hat, sondern in diesem Fall nur „Karriere bei Audi" heißt. Wir setzen automatisch voraus, dass hier Menschen schreiben. Und weil sie sprachlich quasi auf Ohrenhöhe sind, finden wir sie sogar richtig nett.

Natürlich sind vor allem die Business-Netzwerke ein guter Ort, um nach einem neuen Job zu suchen. Weil ich aber denke, dass hier der Bewerber quasi der Anbieter ist, möchte ich im folgenden Abschnitt näher darauf eingehen.

Selbstvermarktung: Gefunden werden

Eine gute Bekannte hat mir einmal gesagt: „Ich wähle meine Freunde danach aus, ob sie mir nützen können." Nun war ich mir danach nicht mehr sicher, ob ich ein nützlicher Freund bin oder nutzlos. Und diese Aussage machte sie wohlgemerkt vor dem Facebook-Boom. Durch die sozialen Netzwerke und die Vielzahl an Freunden steckt in diesem Satz eine Menge Wahrheit. Nach welchen Kriterien wählen wir Freunde aus?

Sieht man von den persönlich bekannten einmal ab, treffen wir vor allem im Berufsleben auf Menschen, die wir auch über das Geschäftliche hinaus nett finden. Warum diese nicht auch als Freunde ins Netzwerk hinzufügen? Besonders bei den Business-Netzwerken XING und LinkedIn ist dies sinnvoll.

Zunächst aber doch wieder ein erhobener Zeigefinger: Alles, was Sie im Internet veröffentlichen, ist Teil Ihrer **virtuellen Personalakte**. Potenzielle Arbeitgeber schauen nicht nur in Ihr XING-Profil, sondern werden auch auf anderen Plattformen versuchen, mehr über Sie zu erfahren. Das muss übrigens gar nicht schlecht sein, erfährt Ihr neuer Boss doch auf diesem Wege etwas über Ihre soziale Kompetenz. Schon deshalb sollten Sie immer bei der Wahrheit bleiben, wenn Sie sich äußern oder sich ein Pseudonym zulegen.

Nun aber zum Thema Selbstvermarktung im Internet. Ich selbst betreibe dies schon lange und habe viele Aufträge über meine Internetpräsenz bekommen. Das mag für Freiberufler einfach sein, als Angestellter, werden Sie vielleicht denken, bekommen Sie keine Aufträge. Nun, wenn Sie im Verkauf oder im Marketing tätig sind, schon. Letztlich bleibt es Ihnen überlassen zu entscheiden, ob Sie soziale Netzwerke für berufliche Angelegenheiten nutzen wollen. Beantworten Sie diese Frage mit Ja, dann sollten Sie sich als Nächstes fragen, *wie* Sie das bewerkstelligen wollen.

Wie oben angesprochen, kann ich Ihnen nur wärmstens empfehlen, mindestens ein Profil bei XING.de anzulegen. Die Basisversion ist kostenlos und reicht vollkommen aus. Haben Sie darüber hinaus auch mit internationalen Kunden oder Geschäftspartnern zu tun, sollten Sie sich zudem bei LinkedIn anmelden. Auch hier gibt es einen kostenlosen Zugang, der für das Erste reicht. Allen **Business-Netzwerken** gemein sind Basisinformationen über Sie und Ihre Karriere. Hier macht übertriebener Datenschutz keinen Sinn: Geben Sie Ihre Branchen und Ihre Arbeitgeber an, vor allem auch Ihre Qualifikationen und Interessen. XING gibt Ihnen im Profil die Bereiche „Ich suche" und „Ich biete". Sind Sie noch in einem festen Arbeitsverhältnis, sollten Sie Einträge wie „Eine neue Stelle" vermeiden, besser ist „Immer neue Herausforderungen". Das schließt einen neuen Job mit ein, Ihrem Chef können Sie aber im Fall des Falles sagen, dass dies ja auch das eigene Unternehmen mit einschließt.

Im Bereich „Ich biete" sollten Sie genau abwägen zwischen Übertreiben und Untertreiben. Es ist ein schmaler Grat, auf dem Sie wandern. Bisweilen kann es besser sein, sich ein klein wenig besser darzustellen, dabei aber immer bei der Wahrheit zu bleiben. Haben Sie wie ich Konferenzen organisiert, können Sie z. B. „Organisation von Konferenzen" sagen statt „Mitglied in Organisationskomitees von Konferenzen". Tragen Sie nicht zu dick auf, denn die Menschen, die Sie beeindrucken wollen, sind nicht Mitarbeiter in Personalabteilungen, die nach Schema F arbeiten. Sie wollen Kontakte mit Menschen aufbauen, die Ihnen nützen sollen. Dies hier ist Business und kein Schlaraffenland.

Wenn Sie bei XING in den Gruppen nach dem Stichwort „Selbstvermarktung" suchen, werden Sie eine Menge Informationen bekommen, was Sie alles richtig und falsch machen können. Ich bin weder Personalberater noch XING-Experte, deshalb lasse ich hier jemanden sprechen, der sich damit auskennt. Oliver Gassner zeigt seinen Kunden, „wie man sich besser in Weblogs, Wikis, Social Networks und all dem anderen bewegt, was man so Social Web oder Web 2.0 nennt. Klarer Schwerpunkt sind dabei Weblogs und **Micromessaging**/Twitter." Außerdem gibt er sogenannte XING-Seminare, in denen es um die strategische Nutzung des Business-Netzwerks geht.

Seine Tipps für die Karriereplanung mit XING:

1. Auch wenn Sie sich in Ihrem Urlaub am Strand wohlgefühlt haben oder auf dem Foto im Hintergrund Ihre Lieblingskirche zu sehen ist: Das Profilbild bei XING sollte Sie nicht in einer Freizeitsituation zeigen. Am besten ist ein Porträtbild (aber kein Passbild) von einem Profi.

2. „Meine Privatkontakte will ich nicht bei XING haben!" Nun, wer soll Sie denn sonst empfehlen? Bloß weil Sie 200 Kontakte gesammelt haben und mit ihnen oder anderen schon einmal fünf Sätze gewechselt haben, wer-

den diese sie nicht unbedingt für neue Jobs oder große Aufträge weiterempfehlen. Je bessere Bekannte unter Ihren XING-Kontakten sind, desto höher ist die Wahrscheinlichkeit auf Erfolg beim Networken und Empfohlenwerden.

3. XING bietet Importfilter oder Abgleichfunktionen mit Ihrem Mailprogramm. Sie können somit sehen, welche Ihrer E-Mail-Kontakte schon bei XING sind, und diese mit ein paar freundlichen Worten (bitte nicht mit dem Standardsatz von XING!) zu Ihren Kontakten einladen. Im Gegensatz zu anderen Netzwerken achtet XING auf Datenschutz und speichert Ihre E-Mail-Kontaktliste nicht.

4. Ohne Geben kein Nehmen: Geben Sie bei XING Empfehlungen, helfen Sie bei Fragen in Foren, stellen Sie Kontakte einander vor, die voneinander profitieren können, schreiben Sie Referenzen und wünschen Sie alles Gute zum Geburtstag. Sie sollten aber keine Tauschgefälligkeiten einfordern, das entspricht nicht dem Networking-Gedanken. Ihr guter Ruf wird sich von selbst verbreiten, wenn Sie ihn pflegen.

5. Kontaktanfragen wahllos zu stellen (Standardtext vermeiden! Immer sinnvoll begründen!) oder jeden Kontaktwunsch ohne Rückfrage zu bestätigen, bringt Sie nicht weiter. Wenn Sie die Kontaktperson nicht kennen, dann ist sie auch kein Kontakt. Treffen Sie sich auf einen Kaffee, telefonieren Sie, das wäre ein Minimum. Wie soll Sie denn jemand empfehlen, der Sie gar nicht kennt?

Sie werden natürlich noch eine Menge andere Trainer finden, unter anderem solche, die sich als die Nummer 1 bezeichnen. Da möchte ich doch gerne auf obige Tipps zur Zurückhaltung verweisen. Ich frage mich manchmal, ob jemand, der sich als der Beste und Erfolgreichste bezeichnet, wirklich glaubt, nachhaltig Erfolg zu haben. Welche Beziehung bauen Sie zu so jemandem auf? Ich würde automatisch auf Distanz gehen und die Beziehung, wenn überhaupt, auf einer sehr sachlichen, neutralen Ebene führen. Dafür aber brauchen Sie keinen Kontakt in einem Netzwerk. Solche Leute können Sie auch über eine Internetsuche finden und schlicht per E-Mail kontaktieren.

Viele Trainings für den Umgang mit sozialen Netzwerken beziehen sich auf Akquise und Neugeschäft. Ich möchte darauf hier nicht näher eingehen, weil solche Beziehungen reine Geschäftsbeziehungen sind und keine wirklich persönlichen Beziehungen. Gleichwohl ist dies ein weites Feld, das andere auch schon hervorragend „beackert" haben.[9]

Wie also schaffen Sie es, persönliche Beziehungen in einem Geschäftsnetzwerk zu pflegen, dazu mit Menschen, die Sie (noch) gar nicht kennen? Ich denke, der erste Eindruck ist wichtig. Ihr Profil muss zum einen seriös genug sein, um einen professionellen Eindruck zu machen, es muss aber auch menscheln. Ich selbst schaue mir als Erstes ein Foto an. Ist es in einem professionellen Fotostudio aufgenommen oder in einer Lebensumgebung? Ich gebe Ihnen meine beiden Fotos zur Auswahl (Abb. 5.2): Welches erscheint Ihnen sympathischer?

Ein Freund schrieb mir zum ersten Bild: „Hast Du früher mal Versicherungen vertickt?" Während das erste Bild in

---

[9] Fragen Sie Ihren Buchhändler nach Werken zum Thema XING. Er wird Ihnen eine lange Liste geben.

Abb. 5.2 Ich – in zwei Versionen.

einem Fotostudio gemacht wurde, ist das zweite im Frankfurter Palmengarten aufgenommen, und zwar von einer Bekannten, die sich aber recht gut mit Fotografieren auskennt.
Außenaufnahmen haben, solange nicht die Sonne direkt ins
Gesicht scheint und harte Schatten wirft, den Vorteil einer
natürlichen Lichtsituation. Damit möchte ich auf keinen Fall
die harte Arbeit und aufwendige Technik, die professionelle
Fotografen verwenden, ins Lächerliche ziehen. Ein profes-
sionell gemachtes Foto ist, so das Briefing stimmt, mit Sicherheit besser als ein Amateurbild. Ich glaube, ein Foto zeigt
die Situation, in der man sich während der Aufnahme befindet und, vor allem, wie entspannt und damit natürlich man
ist. Dies bedeutet nicht, dass jetzt einfach Ihr bester Freund
mit seiner Digitalkamera vorbeikommt und munter drauflos-
knipst. Ich denke aber, je menschlicher und auch emotiona-

ler ein Bild ist, umso mehr können Sie Menschen wirklich erreichen. Übrigens: Gelächelt wird mit den Augen, nicht mit dem Mund. Wenn Sie also unbedingt lächeln müssen, dann versuchen Sie das aus ganzem Herzen. Wenn Ihnen das schwerfällt, atmen Sie bei der Aufnahme durch den Mund, das lässt Sie automatisch etwas natürlicher aussehen.[10]

Ich möchte bei meinen Tipps darauf hinaus, dass Sie **„Out of the Box"** denken. Es geht schließlich um Selbstvermarktung, und da muss man auffallen – und zwar angenehm auffallen. Eine Bekannte hat einmal ein Foto von mir gemacht in der Zeit, als ich als Reporter für eine Tageszeitung arbeitete (Abb. 5.3). Ich habe dieses Bild mit ihrer Genehmigung immer dann benutzt, wenn ich mich um Aufträge im journalistischen Bereich bewarb (in diesem Fall wartete ich auf die Ankunft der brasilianischen Fußballmannschaft bei der WM 2006). Wenn Sie also ein virtuelles Fotoalbum haben, in dem Sie Bilder aus Ihrem Berufsleben veröffentlichen, denken Sie darüber nach, dies zumindest mit dem Business-Netzwerk-Profil zu verlinken.

Einer Studie von John R. Graham, Campbell R. Harvey und Manju Puri zufolge strahlen Unternehmensführer auf Bildern mehr Kompetenz aus als Durchschnittsbürger. „In one experiment we use pairs of photographs and find that subjects rate CEO faces as appearing more ‚competent' and less ‚likable' than non-CEO faces."[11] Einschränkend muss man sagen, dass die Studienteilnehmer Studenten waren, bei denen man eine etwas andere Lebenserfahrung

---

[10] Weitere Tipps zum Thema Foto finden Sie unter anderem bei http://karriere-bibel.de/mein-space-%E2%80%93-10-tipps-fur-das-perfekte-xing-profil/.

[11] John R. Graham, Campbell R. Harvey, Manju Puri (2010): *Corporate Beauty Contest*, AFA 2011 Denver Meetings Paper http://ssrn.com/abstract=1571469.

Abb. 5.3   Ich als Reporter bei der WM 2006.

und Menschenkenntnis erwartet als bei älteren Menschen. Aber zumindest ist es ein guter Indikator, wenn es um Bilder geht: Suchen wir jemanden, bei dem wir Kompetenz vermuten, oder jemanden, den wir mögen? Das eine muss übrigens das andere nicht zwangsläufig ausschließen.

Ich glaube, und das zeigen Kommentare zu der Studie, dass vielmehr die Kompetenz das Bild macht: Wer sich sicher ist, strahlt auch Selbstsicherheit aus – damit oft auch Gelassenheit. Ich empfinde gelassene Menschen als weitaus kompetenter als einen Hektiker. Wenn Sie also in sich ruhen (und nichts anderes bezwecke ich mit oben Gesagtem), kann das Bild ein erster Schritt zum erfolgreichen Netzwerk sein.

Eine Frage, die letztlich jeder für sich beantworten muss, ist die nach der Zahl der Kontakte. Ist es sinnvoll, 2000

Kontakte in einem Business-Netzwerk zu haben? Es gibt Argumente für beides:

Dafür spricht, dass man nie genug Kontakte haben kann. Irgendwann werden sie Ihnen schon nützlich sein. Auch wenn Sie nur einmal mit jemandem zu tun hatten, ein **Weak Link** ist besser als keiner. Außerdem spielt die Zeit eine wichtige Rolle: Sie wissen nie, ob ein loser Kontakt von vor zwei Jahren nicht heute wertvoller für Sie ist, weil die Person inzwischen Karriere gemacht hat. XING und LinkedIn zeigen Ihnen solche beruflichen Veränderungen Ihrer Kontakte auf Wunsch an. Und verschiedene Filter wie Kategorien helfen Ihnen, die Übersicht zu behalten.

Dagegen spricht, dass Sie trotzdem kaum das Berufsleben von 2000 Kontakten verfolgen können. So viel Zeit haben Sie gar nicht. Und wenn Sie Ihre Kontakte nicht ordentlich mit Notizen versehen haben, kann es gut sein, dass Sie sich gar nicht mehr an jeden erinnern. Gerade zeitlich sehr beschränkte Konversationen werden Ihnen nicht in Erinnerung bleiben. (Mir ging das so, als ich eine Anfrage von jemandem bekam, mit dem ich vor zwei Jahren schon einmal zu tun hatte. Ich hatte das nur total vergessen. Mein Posteingang bei XING hatte mir geholfen, als ich nach dem Namen der Person suchte.) Viel wichtiger aber: Sie können diese große Anzahl an Kontakten kaum intensiv pflegen.

Ein Ausweg aus diesem Problem können Gruppen sein. Es gibt unzählige Gruppen in den Business-Netzwerken, von rein lokalen Angeboten über branchenspezifische, Weiterbildung, aber auch Freizeit und Unterhaltung. In der Regel wird in Ihrem Profil angezeigt, in welchen Gruppen Sie aktiv sind. Achten Sie also darauf, nicht allzu vielen

Freizeitgruppen anzugehören. Der Vorteil der Gruppen ist aber, dass Sie engere Bande knüpfen können. Ich gehöre als Journalist z. B. der Gruppe „Verlagswesen und Medien" an. Dort gibt es ein Forum „Kooperationsbörse", in dem unter anderem Stellengesuche und -angebote veröffentlicht werden. Aber es gibt eben auch ein Forum in der Gruppe, in dem neue Medienformate diskutiert werden. Wäre ich ein Verlag, der einen neuen Chefredakteur sucht, würde ich zum einen das Angebot veröffentlichen, dann aber schauen, welche Bewerber in der Gruppe aktiv sind und – vielleicht noch wichtiger – welche Nichtbewerber Schlaues sagen und diese eventuell kontaktieren. Unternehmen suchen heute qualifizierte Mitarbeiter und haben keine Probleme mit dem Abwerben. Vielleicht haben Sie auch schon einmal einen Anruf von einem **Headhunter** bekommen (soziale Netzwerke wie XING machen ihnen übrigens das Leben ganz schön schwer). Auch diese schauen sich Profile in sozialen Netzwerken an und versuchen einen Eindruck von Ihnen zu bekommen (was umso schwerer fällt, wenn Sie Ihr Profil nur Freunden zugänglich machen).

Der Entwurf des Beschäftigtendatenschutzgesetzes sieht übrigens gewaltige Einschränkungen der Arbeitgebermöglichkeiten vor. Dr. Arno Frings von der renommierten Sozietät Orrick Hölters & Elsing hat in einem Newsletter zusammengefasst, welche juristischen Folgen das Gesetz haben wird. „Sofern ein Unternehmen auf öffentlich verfügbare Informationen von Bewerbern zugreifen möchte, müssten die Stellenanzeigen des Unternehmens künftig einen entsprechenden Hinweis enthalten. Es käme de facto jedoch zu einem Verbot des Zugriffs des Arbeitgebers auf öffentlich verfügbare Informationen im Internet über Bewerber und Arbeitnehmer."[12] Es gibt aber eine Einschränkung. Frings schreibt: „Dies bedeutet in der Praxis, dass bei Verabschiedung des Gesetzesentwurfes ein Arbeitgeber daran gehindert wäre, Informationen aus öffentlich zugänglichen Bereichen eines Facebook-, studiVZ- oder schülerVZ-Profils eines Bewerbers zu verwenden. Dies gilt wohlweislich nur für öffentlich zugängliche Bereiche der Profile. Ohnehin ausgeschlossen ist die Verwendung von geschützten Daten, also wenn der Facebook-Nutzer z. B. sein Profil nur ‚Freunden' zugänglich macht. Zulässig soll demgegenüber eine Erhebung von Daten aus Profilen auf sozialen Netzwerken sein, die zur ‚Darstellung der beruflichen Qualifikation' bestimmt sind. Dies betrifft insbesondere Profile der Anbieter XING und LinkedIn … Die Regierung scheint hier vom unmündigen Nutzer auszugehen, der nicht in der Lage ist, sich der Privacy-Optionen der sozialen Netzwerke zu bedienen. Die Realität sieht anders aus."

Es ist letztlich eine moralische Frage. So schön Gesetze sind, erstens müssen Sie dem Arbeitgeber beweisen, dass er sich Ihre studiVZ-Partyfotos angeschaut hat, und zweitens werden Sie sich kaum in den Job einklagen können. Natürlich müssen Ihre Daten geschützt werden, und natürlich braucht es gewisse gesetzliche Vorgaben. Ich halte aber den Entwurf für realitätsfern und zu weit gehend. Spätestens wenn es um höher qualifizierte Jobs geht, will ich mehr über den Kandidaten wissen, den ich ausgesucht habe. Natürlich suche ich in der letzten Runde nach allen Informationen, die ich bekommen kann.

---

[12] http://www.hoelters-elsing.info/export/hue/pdf/publications/Newsalert_Employment_01_09-2010.pdf.

Es liegt an Ihnen, wie viele Informationen Sie öffentlich machen. Die Wahrscheinlichkeit, dass sich ein Personalberater oder potenzieller Arbeitgeber als Freund anbiedert, ohne seine wirklichen Absichten zu verraten, erscheint mir gering. Zu einfach wäre es, diesen zu enttarnen. Entsprechend würde ich übrigens auch eine offizielle Freundschaftsanfrage auf Facebook ablehnen, auf XING jedoch annehmen.

Ich habe ein kleines Experiment gemacht und über Facebook und Twitter gefragt, wer meiner Freunde und Follower jemals einen Job angeboten bekommen und, falls dem so war, ihn angenommen hat. Auch wenn es wenige Antworten waren (gemessen an 1 400 erreichten Mitgliedern), so erstaunte mich doch, dass Jobvermittlung durch soziale Netzwerke durchaus üblich ist (einschränkend muss ich sagen, dass viele meiner Kontakte sehr aktiv im Internet sind und zum großen Teil Webseiten entwickeln, programmieren oder Unternehmen beraten). Acht meldeten sich per Twitter und hatten ein- oder mehrmals einen Job durch soziale Netzwerke angeboten bekommen, drei schrieben eine Antwort bei Facebook. Einige nahmen die Jobs auch an. Dabei ging es nicht um die Frage, ob man nach einer neuen Stelle aktiv gesucht hatte.

Im Grunde war es die **Online-Reputation**, die entscheidend war. Es gibt viel zu lesen zum **Reputation-Management**, für Unternehmen, aber auch für Privatpersonen. Sie können viele Listen durchgehen, letztlich ist es immer die Gefühlsebene, auf der sich Reputation abspielen wird. Sie sammeln Informationen über eine Person, Sie können eine Pro- und Kontraliste aufschreiben, am Ende wird Ihre Entscheidung eine Bauchentscheidung sein (und damit auch eine gute).

Immer wieder belegen Studien, dass wir mit dem Bauch besser entscheiden als mit dem Kopf. Dies hat auch Auswirkungen auf die Art und Weise, wie wir unsere Beziehungen in geschäftlichen Dingen angehen. Wir treffen viel mehr Bauchentscheidungen, als wir glauben. Behalten Sie dies einfach im Hinterkopf, wenn es darum geht, sich eine Online-Reputation aufzubauen. Oder in zwei Worten: Seien Sie kompetent und freundlich.

Wissensmanagement

Als wir noch keine Schrift hatten, war es recht einfach, Wissen weiterzugeben: Wir erzählten es uns. Was erzählt wurde, blieb, je nachdem wie wichtig und nützlich es war, im Gedächtnis. Dann kamen die Schrift und später der Buchdruck, und damit auch ein Problem: Immer mehr Wissen wurde verfügbar, aber wie sollte man es sortieren? Bibliotheken waren die Antwort, und sie blieben es auch bis Ende des 20. Jahrhunderts. Seitdem aber Computer und Internet in Büros und Wohnzimmer Einzug gehalten haben, können auch Bibliotheken das Wissen nicht mehr katalogisieren und verwalten. Das Internet selbst ist die Verwaltung, aufgespalten in Tausende Server, von denen jeder ein bisschen Wissen speichert. Statt Kataloge zu wälzen, „googeln" wir und verlassen uns darauf, dass die Suchmaschine auch alles findet (was sie nicht kann).

Selbst im persönlichen Bereich stoßen wir an Grenzen: E-Mails werden zwar noch gespeichert, aber kaum sortiert, und wenn, dann in Systemen, die nichts anderes sind als ein schlechtes digitales Abbild der Bibliotheken: Wir legen alles in Ordnern ab, nur vergessen wir dabei die Katalogisierung, und vor allem stellen wir einen solchen Katalog nicht anderen zur Verfügung. Wir sitzen auf unseren E-Mails und dem damit enthaltenen Berg von Wissen und behalten die darin enthaltenen Informationen weitgehend für uns. Selbst die angehängten Dateien werden zwar wieder in Ordnern abgespeichert, aber was wo ist, müssen neue Mitarbeiter erst mühsam lernen, wenn sie nicht irgendwann aufgeben.

Nun gibt es sogenannte **Knowledge Management Software**, mehr oder weniger gut geeignete Programme, die ein wenig für Ordnung sorgen sollen und vor allem den Zugang vereinfachen. Die meisten dieser Programme haben aber eines gemeinsam: Nur das, was vorher ordentlich verschlagwortet wurde, kann auch gefunden werden. Und weil Programmierer wissen, dass wir faul sind, legen sie das Mindestmaß auf drei Schlagwörter fest, damit wenigstens ein paar Wörter festgelegt werden.

David Gurteen ist Experte, wenn es um Wissensmanagement geht. Er sieht eine Entwicklung von Wissensmanagement (KM für Knowledge Management). „KM in this techno-centric form grew up with the development of the Internet, organizational intranets and portals and the widespread use of electronic mail, Microsoft Office, corporate search engines and the like. It is fundamentally technology driven; usually by the IT department. It is centrally controlled and top-down in nature."[13] Als Lösungen wie **Wikis** und soziale Netze aufkamen, waren diese nicht von den großen Computerfirmen entwickelt worden, sondern

---

[13] In Social KM: A brief history of KM https://docs.google.com/Doc?id=dg9k7xtm_15d8d674fg.

von Programmierern, die die Anwender im Blick hatten. Vielleicht auch deshalb sind diese Verfahren erfolgreicher. Gurteen glaubt: „So if the central question asked by managers in the KM 1.0 world was ‚How do we make people share?' the question of the KM 2.0 era is ‚How do we better share, learn and work together?'"

Wikis, jene editierbaren Webseiten, sind eine andere Möglichkeit, Wissen mit anderen zu teilen: Wir bauen alle gemeinsam am Haus, können Bereiche hinzufügen und solche, die fehlerhaft sind, korrigieren. Wikis sind eine recht einfache und praktische Angelegenheit. Wenn man einmal das Prinzip verstanden hat, lässt sich Wissen hier am schnellsten einordnen. Sie kennen sicherlich das Online-Lexikon **Wikipedia**, es arbeitet nach dem gleichen Prinzip (der Name Wiki bedeutet übrigens „schnell schnell", weil sie sehr schnell einen Eintrag bearbeiten und speichern können, ohne lästiges Hochladen und Verschlagworten). Weil Wikis datenbankbasiert sind (mit kleinen Ausnahmen), sind sie schnell und gründlich durchsuchbar. Sie brauchen keine Schlagworte, weil die Software die besten Ergebnisse selbst heraussucht (basierend auf komplizierten Algorithmen). Wikis sind der erste Versuch eines **Social Knowledge Management**. Wir arbeiten gemeinsam an einem großen Lexikon, im Unternehmen an einem Handbuch für neue Mitarbeiter oder planen ein Projekt gemeinsam.

Doch auch Wikis haben ihre Schwächen. Weil wir alles sehen können, mag uns das überfordern. Und: Sie sind nicht sozial. Wir arbeiten an Texten, aber es gibt keinen Austausch unter den Mitarbeitern (von Diskussionen über einen Artikel einmal abgesehen). Eine Universität in Finnland stand genau vor diesem Problem.

TUT Circle: Ein Lernbeispiel

Die Tampere University of Technology in Tampere, Finnland, wollte Erstsemestern im Fach Mathematik eine einfache Möglichkeit geben, sich alle notwendigen Informationen per Intranet zu besorgen. Also schuf man ein Universitätsportal, das unter anderem ein umfangreiches Dokumentenarchiv beinhaltete. Der Study Circle bot Freundschaftsanfragen, einen Nachrichtendienst, Diskussionsgruppen und Dokumentenverwaltung. Für jedes Fach im Studium gab es eigene Gruppen im System. Es gab keine Verpflichtung, das System zu benutzen, und deshalb benutzten es die Studenten auch nicht. Es gab keine Aktivitäten und auch keine Inhalte. Letzteres war ein wenig wie ein Teufelskreis, denn ohne Inhalte ist ein Diskussionsforum nicht attraktiv und deshalb diskutiert wiederum niemand. Studenten gaben außerdem an, das System habe zu viele Funktionen. Man mochte es schlicht nicht.

Also nahm die Uni eine radikale Änderung vor: Man wechselte zu einer neuen technischen Plattform. Von nun an gab es Statusaktualisierungen, die man seinen Freunden anzeigen konnte, und man selbst sah, was die Freunde gerade machten. „The general idea and target of system usage was also changed. Study Circle was developed specifically to support studies in mathematics, but TUT Circle is in general a social network site with separate features offering support for studying at TUT at crucial moments during the semester", heißt es in einer Untersuchung von Kirsi Silius und Mitarbeitern, in der sie die Geschichte des sozialen Online-Netzwerks darstellen. Der Schlüssel zum Erfolg war, dass man von einer **Lernplattform** mit sozialen Aspekten zu einem sozialen Netzwerk mit Lernplattform wechselte. Studenten konnten schon vor Semesterbeginn neue Freunde finden, Kontakte knüpfen, sich einen Überblick über ihre neue Lernumgebung verschaffen, bevor sie die ersten Fachaufsätze lasen. Statt Gruppen vorzugeben, gab man Studenten die Möglichkeit, selbst Gruppen zu gründen. Das Diskussionsforum hingegen hatte eine festgelegte Struktur; es wurden vor allem wichtige Informationen über das Studium vermittelt und Fragen beantwortet. In einem weiteren Bereich konnten Studenten Fragen stellen, und zwar anonym, wenn sie wollten. Hier halfen sich die Studenten meistens untereinander. In der Zusammenfassung ihrer Untersuchung schreiben die Autoren: „Combining studying and leisure time seemed to be the most relevant purpose in which such a system could be useful."[14]

Es hat wohl einen Grund, dass IBM und Microsoft, bisher die Platzhirsche auf dem Gebiet der Unternehmenssoftware, recht schnell begannen, kollaborative Ansätze in ihre Software Lotusphere und Sharepoint und mittlerweile auch Funktionen der sozialen Netzwerke einzubauen. Man hat erkannt, dass Wissensmanagement nicht von oben nach unten funktioniert, sondern auf eher horizontaler Ebene.

Meine eigenen Erfahrungen

Ein deutscher Unternehmer aus Thailand hat einmal in einem Vortrag auf einer IT-Konferenz erklärt, wie er als

---

[14] Kirsi Silius et al. (2009): Students' Motivations for Social Media Enhanced Studying and Learning. In: *Knowledge Management & E-Learning: An International Journal*, 2(1), Seite 51.

Ausländer eine Firma führt, in der Thais arbeiten, deren Sprache er nicht spricht. Er hat Teams geschaffen, die abteilungsübergreifend organisiert sind. Jedes Team hat einen **Champion**, der gut Englisch spricht. Diese Champions dienen als Informations-Drehscheiben, über die der Unternehmer seine Anweisungen verteilt. Dies geschieht folgendermaßen: Er ruft alle 30 Mitarbeiter zusammen und erklärt auf Englisch, welche Neuerungen es gibt. Anschließend werden diese gemeinsam diskutiert. Natürlich werden einige Angestellte aufgrund ihrer Fähigkeiten und Sprachbarrieren nicht alles verstehen. Dazu sind die Champions da: Sie erklären ihren Kollegen noch einmal alles im Detail. Die abteilungsübergreifenden Teams haben außerdem den Vorteil, dass z. B. das Marketing einen Einblick in die Buchhaltung bekommt und versteht, wie dort gearbeitet wird.

Ich will Ihnen noch ein weiteres Beispiel nennen: Ich wurde als Berater zu einer Softwarefirma gerufen, die WLAN in Hotels installierte und auch ein Abrechnungssystem für den Internetzugriff der Hotelgäste bereithielt. Die Firma hatte Aufträge, aber es gab Unmut und vor allem Verzögerungen in der Auftragsverarbeitung. Man hatte **Microsoft Sharepoint** gekauft, um besser zusammenzuarbeiten, aber keiner benutzte es. In einem ersten Meeting mit dem Inhaber und seinen Abteilungsleitern gab es keinen Hinweis auf die Ursachen. Ich bat den Boss, in sein Büro zu gehen. Dann fragte ich die Abteilungsleiter noch einmal: Und sie begannen zu erzählen, welche Probleme sie haben. Danach sprach ich allein mit den Angestellten. Auch diese redeten frei von der Leber weg. Am Ende stellte sich heraus, dass die Vertriebler verkaufen, was das Zeug hält, die Monteure aber nicht nachkommen. Außerdem wurden Router und Kabel immer erst dann bestellt, wenn ein Auftrag unterschrieben war. Weil der Vertrieb aber zugesichert hatte, dass nach Unterschrift begonnen wird, kam es zu Verzögerungen. Die Abteilungen hatten schlicht nicht untereinander kommuniziert, und der Chef hatte zwar gute Absichten, aber ließ seine Abgestellten nicht eigenständig arbeiten (jeder Vorgang musste ihm vorgelegt werden). Wir gaben in Sharepoint **soziale Netzwerkfunktionen** frei, alle Beteiligten konnten Auftragseingänge verfolgen und sich gegenseitig austauschen, ob Hardware vorhanden ist oder ob Zahlungseingänge verzögert sind.

Diese beiden Beispiele sollen Ihnen zeigen, dass Wissensmanagement vor allem bei den Beteiligten anfängt. Wissen soll freigegeben und nicht auf Anfrage geliefert werden. Es ist weniger eine Frage der technischen Plattform als der Zielgruppe und ihres Verständnisses, ob ein Wissensmanagement in einer Firma oder Institution erfolgreich ist.

Vom Leben lernen, wie wir lernen

Soziale Online-Netzwerke spiegeln zu einem gewissen Grad unser reales Leben wider. Überlegen Sie einmal, wie Sie eine Sprache lernen. Sie können sich Bücher kaufen, Audio-CDs, einen Sprachkurs bei der Volkshochschule machen. Das alles mag eine gute Basis sein. Aber erst wenn Sie die Sprache benutzen, also mit anderen reden und sich austauschen, werden Sie sicher und besser. Sie lernen durch Alltagssituationen, auch weil das eine gewohnte Lebensumgebung ist. Mittlerweile hat diese Erkenntnis auch Einzug in die Pädagogik gehalten.

„Vor allem das Konzept der Community of Practice (CoP) hat in den Debatten zum Wissensmanagement besondere Bedeutung erlangt. Die Community of Practice wurde in erster Linie von Lave und Wenger (1991) vor dem Hintergrund einer anthropologisch orientierten Pädagogik geprägt. Zentral an Lave und Wengers Konzept ist die Rolle der ‚legitimen peripheren Partizipation' (*legitimate peripheral participation*), die beschreibt, wie Wissen und Fähigkeiten in Gruppen durch Anleitung, implizites Lernen und wachsende Beteiligung innerhalb der Gemeinschaft weitergegeben werden", erklärt Tobias Müller-Prothmann in seinem Aufsatz „Wissensnetzwerke: Soziale Netzwerkanalyse als Wissensmanagement-Werkzeug"[15]. Und weiter: „Wissen wird hier nicht bei einzelnen Personen, sondern durch Formen sozial konstruierter Bedeutung innerhalb der Gruppe verortet." Mit der **sozialen Netzwerkanalyse** werden diese Beziehungen dann näher untersucht. Eine große Rolle spielen dabei wiederum Gruppen, Subgruppen, Cliquen und **Cluster, Brücken und Hubs**. In diesen Strukturen wiederum sieht er verschieden Typen von Akteuren:

- **Experten** verfügen über Spezialwissen und professionelle Erfahrung innerhalb der Wissensdomäne. Sie haben eine zentrale Netzwerkposition, meist mit einer hohen Anzahl externer Links.

- **Wissensbroker** wissen, welche Person in einem Unternehmen über welches Wissen verfügt („wer weiß was"). Sie bilden Brücken zwischen den verschiedenen Subgruppen und Clustern des Netzwerks, die ohne sie nicht

---

[15] http://www.community-of-knowledge.de/beitrag/wissensnetzwerke-soziale-netzwerkanalyse-als-wissensmanagement-werkzeug/.

oder nur über weite Umwege miteinander verbunden wären (z. B. zwischen Abteilungen und Standorten oder zu externen Partnern wie Kunden, Zulieferern, Forschungsinstituten).

- **Kontaktpersonen** nehmen eine vermittelnde Position ein, indem sie eine Verbindung zu den Experten herstellen, ohne selbst über das Expertenwissen zu verfügen oder zumindest ohne dieses selbst zu kommunizieren. Sie haben eine intermediäre Position zwischen zentralen (Experten) und peripheren (Konsumenten) Netzwerkakteuren.
- **Wissenskonsumenten** fragen das Wissen der Experten nach. Sie haben eine periphere Netzwerkposition.

Dabei kann jede Person mehrere dieser Rollen einnehmen. Sie können einmal Fragesteller sein und im nächsten Moment Experte auf einem Gebiet. Genau das macht den Charme der Netzwerke und des verteilten Wissens aus.

Natürlich werden Sie diese Effekte nur sehr vereinzelt in den Massennetzwerken wie Facebook und studiVZ finden. Von einigen speziellen Gruppen und Berufszweigen abgesehen sind die Effekte auch bei XING und LinkedIn noch gering. Große Bedeutung hingegen hat es in Netzwerken, die sich in Nischen gebildet haben. Ich will hier keine lange Liste erstellen von Alternativen zu Facebook und Co. oder zu den vielen US-amerikanischen Angeboten, sondern lediglich drei Angebote vorstellen. Sie stehen pars pro toto für die vielen anderen **Nischencommunitys**.

Care2 (www.care2.com) ist ein amerikanisches Netzwerk, das sich an jene richtet, die umweltbewusst leben wollen, und ein hervorragendes Beispiel für Wissensmanagement im sozialen Kontext. Ich interessiere mich z. B. für Umwelt und Tierschutz. Eine Gruppe behandelt das Thema „Marine Biology: Life in the Ocean". Unter der Überschrift „Topic: Expeditions to the Sea Floor … The Indian Ocean Part Three" berichten Forscher dort in einer Art Tagebuch von einer Expedition. Ich kann Fragen stellen zum Verlauf der Expedition, kann die Forscher als Freunde hinzufügen, mich mit anderen über die Bedeutung der Beobachtungen austauschen. Früher musste ich warten, bis die Forscher einen Artikel in einem Wissenschaftsjournal veröffentlichten, den ich auch nur lesen konnte, wenn ich dafür bezahlte. Natürlich finden wissenschaftliche Forschung und ihre Veröffentlichung auch heute noch in Fachzeitschriften statt, und dies ist auch gut so. Aber wir können zum einen den Prozess verfolgen und zum anderen mit den Wissenschaftlern in Kontakt treten. Nicht umsonst gibt es Bestrebungen, die Veröffentlichungspraxis zu ändern und wissenschaftliche Artikel als Open Source für jedermann zugänglich zu machen, statt im Elfenbeinturm der akademischen Institutionen zu sitzen.

netmoms (www.netmoms.de) ist eine Community für Mütter und Frauen, die es werden wollen. Auch hier gibt es klassische Rubriken wie Fotos und Gruppen. Letztere sind thematisch geordnet, man kann aber auch solche in der Nähe suchen. Die Zahl der Beiträge in den einzelnen Unterforen ist nicht überwältigend, aber letztlich handelt es sich auch um ein Nischenangebot. Die Hauptsache ist, dass Fragen beantwortet werden. Für die Werbeindustrie ist die Community offenbar ein guter Platz, um Produkte und Marken an die Frau zu bringen: Vom Lego Special bis zum Milupa Special findet sich alles, was Rang und Namen hat. Geworben wird massiv, bei der Anmeldung wird man auch gleich gefragt, ob man Mitglied bei den Shopping-Partnern werden möchte. Die meisten der zwei Millionen Mütter haben einen Alias-Namen, was auch verständlich ist, wenn man über persönliche Probleme wie unerfüllten Kinderwunsch öffentlich spricht. Die Community besteht vor allem aus den Foren, die Inhalte in den Ratgebern hingegen werden von den netmoms-Redakteuren erstellt. Freundinnen untereinander können Nachrichten austauschen, es gibt auch eine Statusmeldung. Die Gemeinschaft selbst dürfte für viele Mütter eine große Hilfe sein. Wenn z. B. gepostet wird „Fehlgeburt: jetzt ist es leider doch passiert … komme gerade vom Arzt. Er hat leider auch keinen Herzschlag mehr finden können" und sich die Frage anschließt, wie eine Ausschabung „so ist", dann ist es gut, wenn andere Mütter Mitgefühl zeigen, aber auch helfen: „Bei der Ausschabung bekommst Du eine kurze Vollnarkose und merkst nichts davon."

Eine schon lange Erfolgsgeschichte schreibt das Angebot **fotocommunity.de**. Wie der Name schon sagt, startete man als eine Community und entwickelte sich später zum sozialen Netzwerk rund um das Fotografieren. Dabei geht es nicht alleine darum, Fotos im Internet zu veröffentlichen. Es wird diskutiert und kritisiert, was das Zeug hält. Von „portrait 1A da darf es kein gemecker geben :-)" über „Sehr sehr schön – allerdings schließe ich mich Steffan an und hätte gerne etwas mehr Schärfe auf den Augen …" bis zu „das Bild ist unscharf, keine Kontraste, sie säuft ganz ab und er am Kopf, zu eng beschnitten und wenn schon alles synchron, dann auch ihre Haare".

Aber vor allem erhält man in den Gruppen viele wertvolle Ratschläge, etwa wenn es um die richtige Beleuchtung, die neueste Kamera oder sogar einen Fotourlaub geht. Ich selbst habe fast alles, was ich übers Fotografieren weiß, in der fotocommunity gelernt, von der Bedienung einer Blitzanlage bis zu klassischen Posen. Ich habe dort auch Freunde gefunden, mit denen ich selbst nach Jahren noch in Kontakt stehe. Mit einer Million Mitgliedern in Europa ist die fotocommunity nicht das größte Netzwerk, hinsichtlich der Fotografie aber wohl das führende. Andreas Constantin Meyer, Gründer und Geschäftsführer bringt es auf den Punkt: „Die fotocommunity schafft Zusammengehörigkeit unter Gleichgesinnten." Und diese Zusammengehörigkeit wiederum ist die beste Basis, um Wissen zu vermitteln. Eine ehemalige Kollegin von mir begann irgendwann, mit dem Makroobjektiv zu experimentieren, und fand schließlich ihre Leidenschaft in der Tropfenfotografie. In der fotocommunity traf sie auf andere Tropfenfotografen, diskutierte über Aufnahmesituationen und Motive. Schließlich wurde sie selbst eine gefragte Expertin. Ich konnte nur staunen über das Wissen, das sie sich in recht kurzer Zeit angeeignet hatte, ohne einen einzigen Kurs belegt zu haben.

Letztlich bietet jedes soziale Online-Netzwerk mehr oder weniger gute Möglichkeiten, zu lernen und Wissen zu teilen. Es liegt an jedem Einzelnen, inwieweit er sich selbst einbringt und vor allem auch gibt. Denn eines ist unumgänglich: Nur wer gibt, dem wird auch gegeben. Soziale Netzwerke sind kein Lexikon, sondern eine Art lebendiger Organismus, dessen Herz immer dort schlägt, wo gerade eine Aktivität stattfindet. Die Bereitschaft zu solcher Aktivität sollte jeder haben, der an solchen Netzwerken teilnimmt, insbesondere wenn es spezialisierte Angebote wie die oben genannten sind.

Geld sparen mit sozialen Netzwerken?

Sie mögen es glauben oder nicht, aber das Wort *social* lässt sich heute vor viele Begriffe stellen, unter anderem auch vor *shopping*. Unter dem Begriff **Social Shopping** versteht man im Allgemeinen Businessmodelle, deren Produktverkauf auf Empfehlungen von Freunden basiert – eine Art Tupperware für das Internet. Und auch hier sehen wir wieder, wie die reale Welt adaptiert und neu skaliert wird. Denn für eine Plastikschüsselparty können Sie nur so viele Leute einladen, wie in Ihr Wohnzimmer passen. Und das auch nicht jeden Abend. In einem Netzwerk, das sich vor allem mit Einkaufen und Empfehlungen beschäftigt, sieht das anders aus. Hier wird quasi 24 Stunden am Tag ge- und verkauft, empfohlen und kritisiert.

Derzeit boomt die **Groupon-Branche**, benannt nach einem US-Angebot, eine Mischung aus Gruppe und Coupon. Dabei geht es darum, dass viele Konsumenten sich zusammenschließen und damit den Preis eines Produktes drücken oder dass ein Produkt nur zu einem besonders günstigen Preis angeboten wird, wenn sich genügend Käufer finden. Das hat ein wenig etwas vom Schnäppchenkauf, und viele deutsche Anbieter wie guut.de mutierten auch in diese Richtung. DailyDeal.de wiederum versucht, Gutscheinhefte für bestimmte Städte an den Mann zu bringen. Aus der Eigenbeschreibung: „Um unsere DailyDeals zu bekommen, musst Du also mit vereinter Kraft mit Deinen Freunden und anderen Usern zusammenarbeiten. Empfehle den Deal einfach per E-Mail oder z. B. auf Facebook weiter, damit Ihr gemeinsam die Mindestmenge erreicht und den Deal bekommt!" Ich persönlich glaube, diese Angebote sind eher von kurzer Lebensdauer. Ich kann mir gut vorstellen, dass Nutzer bald genervt sind von der Gier anderer und deren Mails und Bitten, doch ein Produkt zu kaufen.

Aber manchmal sind die Menschen, wenn es etwas günstiger gibt, schwer zu verstehen. Ich kann mich an einen Werbeprospekt einer Einzelhandelskette in Vietnam erinnern. Im Prospekt waren etwa 30 Artikel aufgeführt, deren Preis heruntergesetzt war. Ich sah Leute im Geschäft stehen mit dem Prospekt in der Hand und nur diese Artikel in den Einkaufskorb legen. Warum also sollte dies nicht auch im Internet funktionieren?

Eine andere Form des Social Shopping ist das **Empfehlungssystem**, wie Sie es vielleicht von dem Online-Händler Amazon kennen. Hier schreiben Käufer Rezensionen nicht nur über Bücher, sondern vielerlei Produkte. Zwei Münchner, die sich Couchpotatoes nennen und auch einen Podcast ins Netz stellen, haben sogar regelmäßig Videos gedreht und Produkte unter die Lupe genommen.

Immerhin, so die Beratungsfirma WSL Strategic Retail, die regelmäßig das Einkaufsverhalten der Amerikaner untersucht, benutzen 47 Prozent soziale Netzwerke beim Einkaufen. Die Generation zwischen 34 und 44 ist dabei besonders aktiv. „The internet has become the go-to channel to find the lowest prices and coupons", sagen die Berater.

Bei Facebook hat sich aber noch ein anderer Effekt der Nutzerempfehlungen gezeigt, der sogenannte **Bandwagon-Effekt**. Jukka-Pekka Onnela und Felix Reed-Tsochase haben in einer Untersuchung festgestellt, dass wir uns beim

Herunterladen von Programmen bei Facebook wie eine Herde (!) verhalten – aber nur, wenn ein gewisser Schwellenwert überschritten ist. Die Wissenschaftler hatten 2007 über 50 Tage das Download-Verhalten von Facebook-Nutzern – anonymisiert – verfolgt. Zu dieser Zeit wurden bei Facebook noch alle **Facebook-Applikationen**, die man selbst benutzt, den Freunden angezeigt. Es gab also permanente Empfehlungen, und wenn eine neue Applikation eingerichtet wurde, teilte das System dies den Freunden mit.[16]

Nun fanden die Forscher aber nur für bestimmte Spiele genügend Daten, um einen Zusammenhang mit direkten Empfehlungen darzustellen. Stattdessen fand man eine magische Grenze der Popularität: Erst wenn diese überschritten ist, ließen sich Nutzer zum Herunterladen animieren. Dann taten sie dies aber wie eine Herde Büffel, die sich plötzlich in Bewegung setzt. Diese Grenze liegt bei etwa 55 Installationen pro Tag. Sind es aber weniger, und auch das ist eine interessante Entdeckung, spielen Empfehlungen so gut wie keine Rolle. Letzteres ist schon deshalb aufregend, weil man diesen Effekt aus der Offline-Welt so nicht kennt.

Die Entdeckung der zwei verschiedenen Verhaltensweisen dürfte noch Stoff für weitere Studien geben, zumal in der Untersuchung wegen fehlenden Datenmaterials nicht genau festgelegt werden konnte, was den Übergang zwischen unpopulär und populär ausmacht. (Die Zahl der Installationen alleine ist es nicht, sie stellt nur den Punkt dar, an dem das Verhalten umschlägt.) Zu ergründen ist auch, warum wir uns mit neuen Anwendungen nicht wirklich in-

---

[16] Dies führte zu massiven Beschwerden, weil die Pinnwand voll war mit solchen News. Daraufhin wurde die Funktion abgestellt bzw. modifiziert.

tensiv beschäftigen, sondern erst auf die anderen warten. Und schließlich ist es interessant zu erfahren, wer denn diese anderen sind, die für das Erreichen der Schwelle sorgen. **Early adopters**? Zufallskunden? Spielen z. B. Listen wie „Neu im Shop" eine Rolle? Festgestellt wurde auch, dass es für das Verharren unterhalb der Grenze keine Zeitvorgaben gibt. Das kann mal länger und mal kürzer dauern.

Um die Frage nach dem Geldsparen zu beantworten: Ich glaube kaum, dass soziale Netzwerke beim Sparen helfen. Hier und da werden Sie einen Tipp von einem Freund oder einer Freundin bekommen, dass es irgendwo ein Sonderangebot gibt oder eine Verlosung. Darüber hinaus sehe ich aber kaum großes Potenzial. Angebote wie Groupon kommen und gehen; auch wenn sie in den USA derzeit recht erfolgreich sind, funktionieren sie in Deutschland noch kaum.

Zwar shoppen die Deutschen gerne online, aber nicht um jeden Preis der Welt und auch nur bestimmte Produkte. „Bei einigen Produktkategorien hat der Internetshop die stationären Läden schon nahezu ersetzt", stellte das Marktforschungsinstitut TNS Infratest bereits 2007 fest. Die Arbeitsgemeinschaft Online-Forschung (AGOF) fand in ihrer Studie *Internet Facts 2010-II* heraus: Es „liegt der Anteil der Online-Shopper unter den Internetnutzern bei 86,0 Prozent, d. h. 42,70 Millionen Menschen haben in den vergangenen zwölf Monaten Waren im Internet gekauft. Ganz oben auf der Online-Einkaufsliste stehen Bücher, Eintrittskarten, Musik-CDs, Buchungen von Hotelzimmern sowie Damenbekleidung. Der enge Zusammenhang zwischen der Online-Informationssuche und dem Online-Kauf wird mittels der **Online-Conversion-Rate**, also dem Verhältnis von Online-Informationssuchenden zu Online-Informationssuchenden UND Online-Käufern, deutlich. Bücher stehen diesbezüglich mit einer Conversion-Rate von 68,4 Prozent an erster Stelle, d. h. die Online-Informationssuchenden UND Online-Käufer von Büchern belaufen sich auf mehr als zwei Drittel der Personen, die sich online über Bücher informiert haben."[17]

Am Beispiel Online-Shopping zeigt sich, dass das Verhalten in der realen Welt keineswegs immer übertragbar ist in soziale Online-Netzwerke. Wenn wir mit Freunden shoppen gehen, dann ist dies nicht zweckorientiert, sondern dient vor allem der Unterhaltung. Es wird getratscht und geklatscht, anprobiert und wieder verworfen, ein Kaffee zwischendurch getrunken und dann wieder der Schuhverkäufer zur Weißglut gebracht. Das aber lässt sich nicht ins Internet übertragen: Ich chatte nicht mit meinen Freunden auf der Amazon-Webseite, selbst wenn es einen Chat gäbe. 55 Prozent der Deutschen, so ergab eine BITKOM-Umfrage, besorgen sich vor einem Kauf Informationen im Internet. Wer also online shoppt (und ich zähle das Besorgen von Informationen dazu, schließlich schauen Sie sich ja auch erst einmal einige Fernseher in verschiedenen Läden an, bevor Sie einen kaufen), der will seine Ruhe haben und Produktinformationen lesen. Vielleicht wird er oder sie am Ende der Recherche Freunde fragen, was sie von diesem oder jenem Hersteller halten.

Wie schon die Untersuchung mit den Facebook-Programmen ergeben hat, sind wir zunächst recht unbeeindruckt von dem, was unsere Freunde tun, solange sie es nicht alle machen. Und deshalb glaube ich, wird Social

---

[17] AGOF-Berichtsband zur Studie *Internet Facts 2010-II*.

Shopping noch einen langen Weg vor sich haben, bevor es ein digitales Äquivalent bekommt.

Auch Nachbarn sind Freunde: Regionale Netzwerke

Sieht man sich die Auswertung der AGOF an, dann scheint es bei der Nutzung von sozialen Online-Netzwerken eine regionale Verschiebung zu geben. Zwar erlaubt Facebook, weil nicht Mitglied der AGOF, keine Einordnung, wohl aber viele andere. Die Agentur Serviceplan hat aus den AGOF-Daten eine Karte erstellt, die deutlich macht, wer in welchem Bundesland am stärksten vertreten ist.

Wenig überraschend ist, das meinVZ und schülerVZ den großen Teil des Landes bestimmen. Warum KWICK! im Süden stark ist und wer-kennt-wen im Westen, scheint unklar. Die Lokalisten hingegen kommen aus Bayern und sind deshalb dort besonders gut vertreten. Interessant sind auch die einzelnen Verbreitungen, die man aus den AGOF-Zahlen lesen kann. So hat das Business-Netzwerk XING einen starken Stand in Hessen – wohl, weil es die Wirtschaftsmetropole ist. Gut vertreten ist XING auch in Hamburg und Berlin, so gut wie gar nicht hingegen in den Ostländern (außer in Sachsen).

Haben wir bei aller Globalisierung und Internationalisierung doch eine Präferenz für das Lokale? Ist unser soziales Umfeld vielleicht doch (auch) an den Ort gebunden, an dem wir uns befinden?

Florian Straus beschreibt in einer Arbeit für das Institut für Praxisforschung und Projektberatung den Zusammenhang zwischen Netzwerken und Sozialräumen wie folgt:

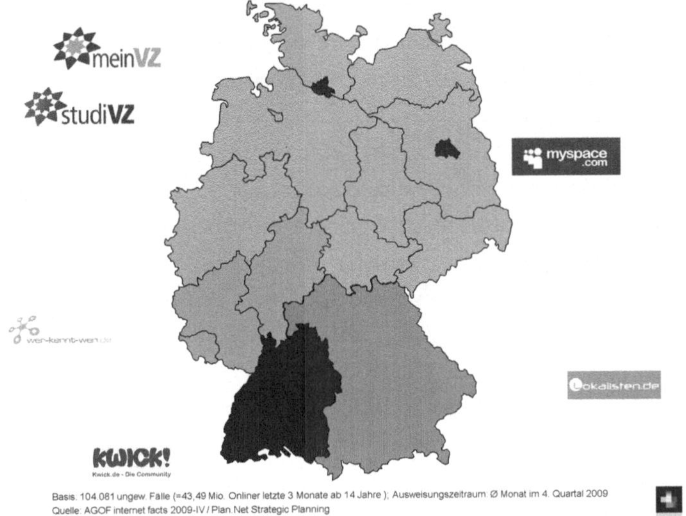

Abb. 5.4   Die Grafik zeigt, dass der Süden eigene Netzwerke bevorzugt. Abdruck mit freundlicher Genehmigung von Nikolaus Schmitt-Walter.

„Soziale Beziehungen sind, sofern nicht virtuell, an konkrete Orte/Räume gebunden. Der Sozialraum beschreibt demnach die räumliche Dimension eines sozialen Netzwerks. Menschen agieren allerdings, auch dies ist offensichtlich, in unterschiedlichen räumlichen Bezügen. Während die einen in räumlich überschaubaren und auf den lokalen Nahraum begrenzten Netzen leben, gibt es andere, die weitverzweigte und räumlich sehr ausgedehnte Beziehungsnetze pflegen (vgl. Albrow 1998). Eine lebensweltliche, sozialräumliche Netzwerkperspektive würde demnach versuchen, die Beziehungen, die Menschen haben, in ihren subjektiven, sozialen wie auch geografischen Verortungen zu verstehen.

Dem widerspricht jedoch eine Verwendung des Begriffs des Sozialraums, wonach dieser sich auf einen zumeist institutionell definierten, sozialgeografisch abgegrenzten Lebensraum bezieht."[18]

Die Arbeit hat den Untertitel „Gemeindepsychologische Anmerkungen zur Sozialraumdebatte" und beschreibt gar nicht soziale Online-Netzwerke, sondern real existierende. Dennoch ist sie interessant für das Verhältnis von **Sozialraum** und Netzwerk. Am Beispiel des Telefons kann man das gut festmachen: Waren wir früher mit dem Telefon an einen Ort gebunden, wusste ich also, *wo* sich der Angerufene befindet, ist diese Bindung mit dem Mobiltelefon aufgehoben. Oft genug fragen wir, wo sich der Angerufene befindet und ob man gerade stört, während man früher sicher sein konnte, dass jemand um 10 Uhr an seinem Schreibtisch im Büro sitzt oder um 19 Uhr zu Hause ist, wenn er oder sie ans Telefon geht.

Welche Rolle spielt der Sozialraum in einer globalen Gesellschaft? Florian Straus sieht eine Veränderung in der Engmaschigkeit der Netze. „Nur wenige Menschen haben heute stabile Netzwerke. Falsch wäre es, daraus zu schließen, dass Gemeinschaften mit dieser Entwicklung verschwinden; deutlich wird aber, sie sind im Fluss: Es gibt viele multiple soziale Arenen und die Menschen machen von diesen verzweigten Bezügen auch Gebrauch."

Letztlich beschreibt dies auch die Beziehungen in sozialen Online-Netzwerken. Aber das bedeutet keineswegs, dass der Sozialraum als lokale Komponente verschwindet

---

[18] Florian Straus (2004): Soziale Netzwerke und Sozialraumorientierung: Gemeindepsychologische Anmerkungen zur Sozialraumdebatte. *IPP-Arbeitspapiere*, Nr. 1.

und sich allein über die Beziehung definiert. Die oben genannten multiplen sozialen Arenen haben sehr wohl auch lokale Parameter.

Genau das haben Webentwickler auf der ganzen Welt erkannt und recht schnell begonnen, Lokalisierungsdienste anzubieten. Facebook integriert heute schon in Deutschland den Dienst Places. Per GPS oder Funknetz wird das Endgerät lokalisiert und der Standort den Freunden mitgeteilt.[19] Neben den bereits in Kapitel 2 angesprochenen Nachteilen bieten sich aber auch ungeahnte Vorteile: Ich weiß, wo meine Freunde sind, und kann mich gegebenenfalls mit ihnen treffen. Noch mehr aber als der Standort des Freundes können damit verbundene Informationen eine Rolle spielen.

Unser Leben spielt sich – und das ist gut so – zum weitaus überwiegenden Teil real ab. Wir gehen noch in den Supermarkt, ins Büro oder zu einer anderen Arbeitsstelle, mit den Kindern auf den Spielplatz, abends in ein Konzert. Unser Sozialraum ist zu einem großen Teil noch der Raum, der unsere geografische Umgebung beschreibt. Weil wir uns aber in diesem recht begrenzten Raum bewegen, wollen wir auch unsere Freunde dort haben, so weit möglich. Die Strong Ties sind in der Regel Bindungen zu solchen Freunden, die lokal nahe und verfügbar sind.

Wie nun findet eine Kommunikation mit Freunden in der realen Welt statt? Wir treffen sie. Manchmal verabreden wir uns, manchmal treffen wir sie durch Zufall. Oft aber treffen wir sie nicht, weil wir z. B. zu Hause sitzen und kei-

---

[19] Der Vollständigkeit halber sei hier die Warnung ausgesprochen, dass man damit öffentliche Bewegungsprofile erstellt. Überlegen Sie sich genau, ob jeder wissen soll, wo Sie sind.

ne Lust haben, alle Freunde anzurufen und zu fragen, was heute so geht. Wie hilfreich ist es in diesem Fall, per sozialen Netzwerk zu sehen, dass Freund A heute Abend in ein Konzert geht, von dem man selbst gar nichts wusste?

Ich habe im Ausland in den Expat-Gemeinschaften sehr oft Nachrichten auf Twitter und Facebook gelesen, in denen gefragt wurde, ob man sich nicht abends treffen will. Oft wurde ein Link zu einer Google-Karte angehängt, sodass man wusste, wo man hingehen sollte. Letztlich ist dies nun in Echtzeit mit Diensten wie Places oder Foursquare möglich: Ich teile – wenn ich denn will – meinen Freunden mit, was ich mache und wo ich bin, wissend, dass dies bisweilen auch als Einladung verstanden werden kann (wenn ich nicht nur damit beeindrucken will, dass ich auf einer Ausstellung ukrainischer Expressionisten bin).

Ich kann mich aber auch umgekehrt an einem Ort befinden und schauen, welche meiner Freunde dort sind (z. B. bei einem Fußballspiel) oder aber welche Empfehlungen es gibt (Pizza Nummer 13 hat doppelt Mozzarella). Auch bisher gab es schon Dienste, die Orte zum Schwerpunkt hatten, ganz vorn in Deutschland ist **Qype**. Das Angebot war eigentlich schon ein soziales Netzwerk, als es noch eine Bewertungsplattform für Restaurants und andere Unternehmen war. Heute kann ich mich mit meinem iPhone an einem Ort „einchecken" und sehen, welche Qype-Freunde noch dort sind. So gut die Datenbank bei Qype und so wertvoll die Informationen sind, letztlich nutzen sie mir nur in Verbindung mit meinem lokalen Sozialraum. Ich möchte nicht alle meine Facebook-Freunde nötigen, auch Qype zu benutzen. Deshalb ist auch Places so eine Bedrohung für andere **Lokalisierungsdienste** – wir wollen unsere Freunde mitnehmen.

Eine weltweit viel genutzte Plattform, die durchaus auch als Social Network gesehen werden kann, ist **Meetup**.

Meetup ist nicht nur einfach ein Veranstaltungskalender. Wenn ich dort heute nach Frankfurt/Germany suche, bekomme ich z. B. die Curry Night, ein Treffen von Expats jeden dritten Freitag im Monat. Oder das Salsa Dancing der „New in Town Group". Da es ein englischsprachiges Angebot ist, finden sich hier natürlich Veranstaltungen vor allem für internationale Teilnehmer. Was aber das eigentlich Interessante ist: Die Veranstaltungen werden von Mitgliedern des Netzwerks organisiert. So etwas finden Sie kaum im Veranstaltungskalender Ihrer Tageszeitung oder Ihres Stadtmagazins. Eine Veranstaltung ist nicht nur an einen Tag und einen Ort gebunden, sondern entwickelt sich im sozialen Netzwerk zu einer Gruppe, die ständig präsent ist. Eine fast wörtliche Umsetzung des Sozialraums.

Es zeigt sich überhaupt in sozialen Netzwerken ein gewisser Trend zum Lokalen. Man muss es nicht übertreiben wie das englische Mädchen, das seine Geburtstagsfeier über Facebook organisierte und vergaß, den Haken bei „Alle einladen" zu entfernen. Statt nur ihre Freunde wurden alle Facebook-Mitglieder über diese Veranstaltung informiert und mehrere Tausend trugen sich in die Gästeliste ein. Das war den Eltern dann doch zu viel. Als jemand, der sehr viel mit Menschen überall auf der Welt arbeitet, bin ich erstaunt darüber, wie groß gerade in der virtuell so eng vernetzten IT-Branche der Wunsch nach realen Treffen ist. In Kambodscha etablierte sich schnell der TechSaturday, in Vietnam gibt es regelmäßige Webwednesdays und **Tweetups** und in

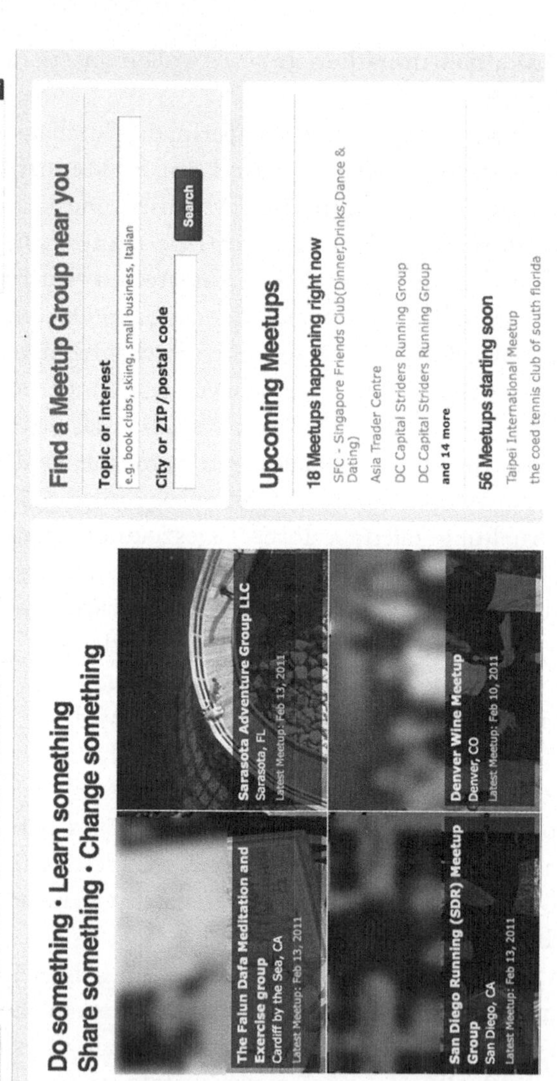

Abb. 5.5 Auf Meetup werden Veranstaltungen veröffentlicht und Freunde eingeladen. Abdruck mit freundlicher Genehmigung.

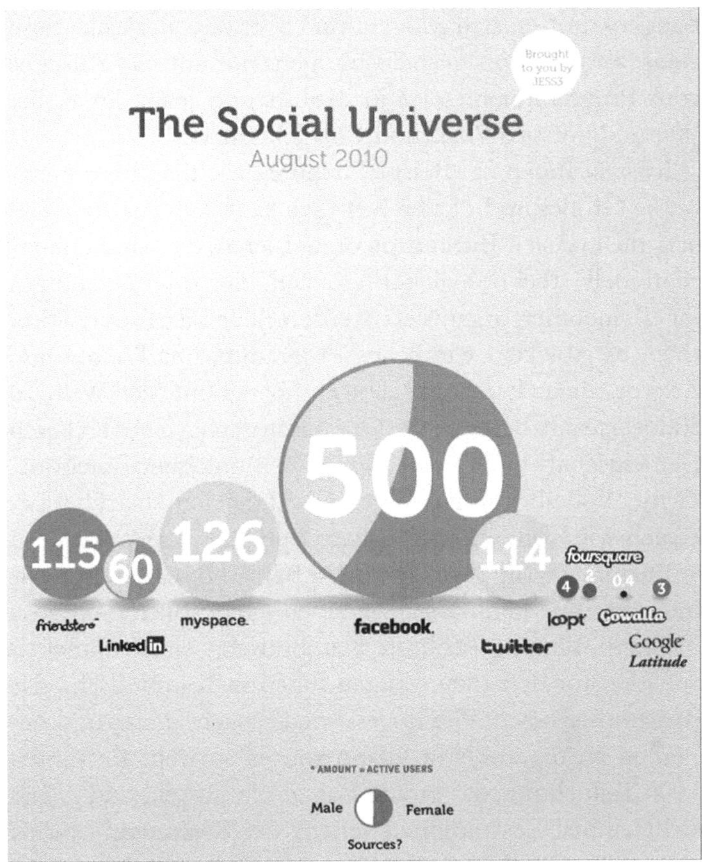

Abb. 5.6   Die Grafik von Jesse3 (jess3.com) zeigt die Übermacht von Facebook auch bei lokalen Services. Deutsche Anbieter fehlen allerdings. CC-SA-BY-Lizenz. Abdruck mit freundlicher Genehmigung.

Bangkok treffen sich Blogger und Softwareentwickler zum **Beercamp**. Schon deshalb übrigens stimmt das Klischee vom Programmierer, der in T-Shirt und Jeans im Keller sitzt und nur von Pizza und Cola lebt, nicht.

Ich will Ihnen ein Beispiel nennen, wie man über Netzwerke Großes im Lokalen bewegen kann. Ich gehöre zu jenen, die in Asien **Barcamps** organisieren; dies sind unkonventionelle Technologiekonferenzen, die von Teilnehmern für Teilnehmer organisiert werden. Jeder darf dort sprechen, es gibt kein wirkliches Programm, nur Räume und Zeitvorgaben. Barcamps gibt es überall auf der Welt. In Südostasien haben sich die Organisatoren zu einer lockeren Gemeinschaft verbunden. Wir folgen uns über Facebook, Twitter und über andere Barcamp-Aktivitäten. Darüber bekamen wir Kontakt zu Bloggern und Softwareentwicklern in Burma, die Interesse an einem Barcamp hatten. Burma? Internet? Wie geht das? Wir luden einige Burmesen zum Barcamp Phnom Penh in Kambodscha ein, sammelten Spenden für den Flug, zeigten ihnen in Kambodscha das Barcamp-Konzept. Sie flogen wieder nach Hause und begannen zu organisieren. Dann war es so weit: Es kamen 3 000 Teilnehmer, das größte Barcamp weltweit, und es gab nicht einmal Restriktionen seitens der Regierung[20]. Noch nie in der Geschichte Burmas haben so viele Menschen einen so schnellen und so freien Internetzugang gehabt wie in diesen beiden Tagen im Januar 2010.[21] Die Facebook-

---

[20] Was nicht bedeuten soll, dass die Regierung nicht den Datenverkehr überwachte. Bis heute hat aber keiner der Teilnehmer irgendwelche Probleme bekommen.

[21] Mehr Informationen zu der Veranstaltung unter http://www.barcampyangon.org/news/.

Gruppe für ein Barcamp in Mandalay/Burma in 2011 hat ebenfalls schon über 300 Mitglieder. Letzteres wird übrigens ganz offen teilweise über Facebook organisiert, z. B. gibt es eine Abstimmung über den Konferenzort.

Ohne die Vernetzungen und neuen Freundschaften in sozialen Online-Netzwerken wäre diese Konferenz nicht möglich gewesen, zumindest nicht in der kurzen Zeit.

Ich möchte kurz etwas genauer auf die Lokalisten eingehen, die so stark in Bayern sind. Sie wurden von fünf Freunden aus dem Raum München gegründet, vor allem um Leute lokal zusammenzubringen. Auch heute noch ist die Gliederungsebene der Lokalisten die nächstgrößere Stadt. Von dieser werden die nächsten Veranstaltungen angezeigt, allerdings sind die Gruppen selbst nicht lokalisiert. Wer z. B. nach Vereinen sucht, bekommt alle Einträge ausgegeben. Überhaupt sind die Gruppen nicht die Stärke der Lokalisten, keine hat mehr als 100 Mitglieder. Kleinanzeigen wiederum sind ortsbezogen, was sinnvoll ist, schließlich werde ich kaum als Münchner ein Fahrrad aus Hamburg kaufen. Mit 3,6 Millionen Mitgliedern befinden sich die Lokalisten eher im unteren Mittelfeld, was die sozialen Online-Netze angeht. Sie werden massiv vom Erfolg von Facebook bedroht.

Eigentlich wären die Lokalisten das perfekte Online-Netzwerk gewesen, wenn sie nicht einige strategische Fehler gemacht hätten. Zum einen setzen sie auf eine junge Zielgruppe, dabei sind soziale Online-Netzwerke mittlerweile in der mittleren Zielgruppe angekommen. Daraus resultierend sind die Inhalte vielleicht interessant für Teens und Twens, mehr aber auch nicht – 35-jährige Familienväter schauen sich nicht den ganzen Tag lang Partyfotos an.

Was bei studiVZ am Anfang noch funktionierte (und auch die haben sich mit meinVZ geöffnet), brachte die Lokalisten nicht über die magische Schwelle, ab der ein Netzwerk aus sich selbst heraus massiv wächst. Und: Innnovation ist heute von kurzer Dauer. Das Einbinden und Verstehen lokaler Gegebenheiten bei Facebook und anderen bedeuten letztlich das Aus für **lokale Netzwerke**. Dazu kommt, dass wir kaum in mehreren Netzwerken aktiv sein wollen, die eigentlich das gleiche Angebot haben. Am Ende gibt Facebooks schiere Größe den Ausschlag. Eine Lokalgebundenheit alleine ist kein Überlebenskriterium mehr.[22]

Letztlich kann es uns gleich sein, in welchem Netzwerk wir uns befinden, solange die technische Plattform dumm genug ist, uns keine inhaltlichen Vorgaben zu machen. Ich kann heute bei Facebook meine Freunde zu Listen zusammenstellen und so z. B. Updates über meine Hochzeitsplanung geben, ohne Angst zu haben, dass alle meine Netzwerkfreunde zum Polterabend kommen. Die technische Ausstattung macht es möglich, mein Netzwerk eben auch zu lokalisieren. Ich kann Nachbarschaftsgruppen gründen, diese in Freundeslisten zusammenfassen und dann nur diese zum Straßenfest einladen. Im virtuellen Marktplatz können wir selbst gemachte Marmelade in der Nachbarschaft verkaufen und damit das Klettergerüst für den Spielplatz finanzieren. Es bleibt der Fantasie des Anwenders überlassen, wie er oder sie die technische Infrastruktur nutzt, ob lokal oder global.

---

[22] Ich habe dies selbst beim Aufbau eines Regionalportals erfahren. Wir waren zum einen zu früh, zum anderen aber reichte die Bezugsgröße Landkreis nicht aus, um eine nennenswerte Reichweite zu erlangen.

6

Abhängigkeiten in sozialen Netzwerken

Als in Deutschland die Anrufbeantworter populär wurden, stellten Psychologen kurze Zeit später ein merkwürdiges Phänomen fest: Manche Leute zeigten depressive Erscheinungen, seit sie ein solches Gerät hatten. Der Grund: Niemand sprach aufs Band, und die Patienten verstanden dies als eine Form der eigenen oder fremdverursachten Isolation. Kein Blinken, keine Freunde. Man hatte seine soziale Interaktion auf ein kleines LED-Lämpchen reduziert.

Ähnliches könnte sich bald in sozialen Netzwerken abspielen, wenn es nicht sogar schon geschieht: das verzweifelte Warten auf Nachrichten von Freunden, dass jemand den Gefällt-mir-Button benutzt oder einen Kommentar hinterlässt. Oder aber das hektische Scrollen durch die Pinnwand, getrieben von der Angst, irgendeine Mitteilung verpasst zu haben. Das stundenlange Lesen in Gruppen und Foren und eine schon manische Teilnahme an Diskussionen. Und schließlich nächtelanges Spielen. „Soziale Netzwerke sind für ihre Nutzer bereits so wichtig, dass ein Verzicht suchtartige Entzugserscheinungen hervorrufen kann." Das behaupten US-Forscher von der University of Maryland. In einer ähnlichen Schweizer Studie verzichteten **„Facebook-Junkies"** kürzlich einen ganzen Monat lang auf ihre Gewohnheit – für eine Belohnung von 300 Franken. Studienleiter Dominik Orth[1] sperrte vor den Augen der Probanden deren Facebook-Passwörter. „Besonders der Anfang des Verzichts ist sehr emotionsgeladen. Manche sagten, sie fühlten sich, als sei die Mutter gestorben, als würde der Wohnungsschlüssel abgenommen oder als würde am Flughafen persönliches Gepäck inspiziert", berichtet der Psychologe. Auch wenn im Schweizer Versuch andere Medien erlaubt waren, fühlten sich die Probanden von der Welt abgeschnitten und sozial ausgegrenzt, besonders gegenüber den noch Eingeloggten. Die meisten berichteten aber auch von Vorteilen im Verlauf der Studie. Das Selbstbild wurde wichtiger als das Fremdbild, sie fühlten sich im Alltag ruhiger und nutzten die gewonnene Zeit. Viele gaben nach dem Monat an, sie würden Facebook nun effizienter nutzen und sich „in weniger dekadent häufiger Form" einloggen. Künftig ganz auf Facebook verzichten wollte allerdings keiner.

Ähnliches erfuhren auch die Wissenschaftler des International Center for Media and Public Agenda (ICMPA) in den USA. Sie schnitten Studenten für lediglich einen Tag von modernen Medien ab; kein TV, keine Telefon, kein Internet. Ihre Untersuchung brachte zutage, dass die meisten College-Studenten nicht nur nicht mehr ohne soziale Netzwerke leben wollen, sondern es auch gar nicht mehr können. „Ich bin ganz klar abhängig und diese Abhängigkeit macht mich krank", sagte ein Studienteilnehmer.[2] Ein anderer Student berichtete: „Ab Mittag fühle ich mich

---

[1] http://www.rod.ag/facebookless/.
[2] http://withoutmedia.wordpress.com/.

isoliert. Ich sah, dass ich mehrere Telefonanrufe bekommen hatte, die ich aber nicht beantworten konnte. Ab 2 Uhr nachmittags hatte ich das dringende Verlangen, meine E-Mails nachzuschauen." Und schließlich gab es noch dieses Bekenntnis: „Ich kam von der Schule gegen 5 Uhr nach Hause und suchte verzweifelt nach irgendeinem Stück Technologie. Ich betrog ein wenig und schaute in mein Telefon. Ich las SMS, sah, dass ich knapp ein Dutzend Anrufe verpasst hatte, überflog einige E-Mails und bemerkte mehrere Twitter-Anfragen, ob es mir gut gehe und wo ich sei. In diesem Moment hielt ich es nicht mehr aus, alleine in meinem Zimmer zu sein mit nichts, das mich beschäftigte, also gab ich das Experiment auf. Ich hatte 19 Stunden geschafft, aber schon diese waren Folter für mich."

Die Studie zeigt nicht nur die (auch physisch gespürte) Abhängigkeit von Medien, sondern die Prioritäten. Auf Fernsehen und Radio konnte verzichtet werden, aber nicht auf Nachrichten aus dem sozialen Umfeld. Dazu passt auch, dass 43 Prozent der Studenten bereits ein **Smartphone** besitzen (also ein iPhone oder einen Blackberry mit umfangreichen Kommunikationsmöglichkeiten wie Internetzugang, Chat und speziellen Programmen wie eine Facebook-App). Noch liegt in Deutschland der Schwerpunkt übrigens, glaubt man der ARD/ZDF-Online-Studie, auf der Suche nach Informationen aus Politik und Wirtschaft (20 Prozent der Online-Zeit). Allerdings verschwimmen die Grenzen zwischen Politik und Unterhaltung, was die Aussagen dieser Studie etwas relativiert.

Das Ergebnis der Studie: „Die Art und Weise, wie Studenten Medien KONSUMIEREN, ist verbunden mit materiellen Belangen, die Geräte die sie haben, iPods, Autoradios, Smartphones. Aber der Einfluss, was sie MACHEN mit dieser Technik, hat profunde Bedeutung für moralische und soziale Auswirkungen. Die wichtigste Folgerung ist, dass die (Über-)tragbarkeit von Medieninhalten die Beziehungen von Studenten nicht nur zu Medien, sondern auch zu Freunden und Familie verändert hat."

Im April 2010 hat eine Untersuchung des PEW Research Centers ergeben, dass Teens in den USA SMS als Hauptkommunikationskanal benutzen – noch vor Anrufen oder persönlichen Treffen. Im Schnitt werden 50 SMS am Tag verschickt, wobei ein Drittel der Befragten angab, sogar 100 SMS am Tag zu verschicken. Beide Studien zeigen, dass junge Menschen heute einen fast ununterbrochenen Kontakt zu ihren Freunden und Bekannten haben. Erschreckender aber ist, dass digitale Kommunikation der realen vorgezogen wird. Sie ist schneller und besser kontrollierbar.

Die beiden Beispiele sollen zeigen, dass Abhängigkeit von modernen Kommunikationsmitteln kein Randgruppenproblem ist. Machen Sie doch einmal einen Selbstversuch: Schalten Sie einen Tag lang Telefon und Internet ab. „Klar kann ich das", sagen Sie? Dann machen Sie es doch. „Ich brauche das aber beruflich", sagen Sie? Dann machen Sie den Versuch am Wochenende. Aber Ihre Frau/Mutter/ Tochter will Sie möglicherweise erreichen? Dann sollen sie vorbeikommen. Je mehr Argumente Sie finden, warum gerade jetzt ein solcher Versuch nicht möglich ist, desto mehr Ausreden produzieren Sie letztlich. Das erinnert mich sehr an Raucher (und ich war selbst einer), die gerne sagen: „Ich kann jederzeit aufhören." Kommt es dann aber zum Schwur, wird Stress im Büro oder die Angst, an Gewicht zuzulegen, vorgeschoben. Bisweilen wird auch geäußert, man rauche aus Genuss, und ein wenig Genuss könne man sich doch wohl gönnen.

Auch wenn Zigaretten nicht wirklich gut schmecken und die Menschheit sich in den vergangenen zwei Millionen Jahren auch ohne Facebook prächtig entwickelte, eines ist beiden gemeinsam: Wir fühlen uns besser, wenn wir es benutzen.

Ein klassisches Zeichen der Abhängigkeit ist, dass wir uns ohne die Droge schlecht fühlen, dies aber nicht eingestehen wollen, dafür aber betonen, dass wir uns damit besser fühlen. Eine ebenso klassische Funktionsweise der Abhängigkeit ist das Belohnungssystem. Wir belohnen uns mit einer Droge dafür, dass wir den Stress aushalten, dass wir etwas „geschafft" oder „vollendet" haben (und sei es nur das Mittagessen).

Spielesucht – auch in sozialen Netzwerken?

Wer an Internet und Sucht denkt, wird zunächst auch an Spiele denken. In der Tat steckt viel Suchtpotenzial in Online-Spielen, und schon deshalb auch warnen Online-Casinos vor zwanghaften Spielen (von ein paar gesetzlichen Regelungen einmal abgesehen). Doch wie sieht es aus mit Spielen in sozialen Netzwerken? Kann aus einem Bauernhofspiel ein Problem werden?

Zunächst ein paar Definitionen über Sucht im Internet: Gemeinhin ist Online-Spielesucht eine nicht stoffgebundene Abhängigkeit und wird in der Literatur als „**Internet**

Addiction", "pathologischer Internetgebrauch" oder „Internetsucht" beschrieben.

Internet Addiction wurde von der US-Wissenschaftlerin Dr. Kimberly Young formuliert und beschreibt mehrere Faktoren, die mit der Abhängigkeit einhergehen[3]:

- den exzessiven Konsum von Chat- und Kommunikationssystemen,
- das stundenlange Spielen und Handeln über das Netz,
- das zwanghafte Suchen nach Informationen im Netz,
- das Erstellen von Datenbanken,
- das stundenlange Konsumieren von Sexseiten.

In einem Aufsatz für die *Wiener Zeitschrift für Suchtforschung* beschrieb Franz Eidenbenz bereits 2002 ein Phänomen, das sich auch heute auf soziale Netzwerke übertragen lässt:

> „Fasziniert von der Möglichkeit nach Kontakt auf dem Hintergrund der Sehnsucht nach Anerkennung und Zuwendung bleiben Gefährdete länger im Chat oder bei Online-Spielen, als sie dies anfänglich beabsichtigen. Das Erleben einer neuen Identität steigert das Selbstwertgefühl, sodass das Online-Sein befriedigender wirkt als der gewöhnliche Alltag. Das Fehlen einer realen, sinnlichen Erfahrung stillt die Sehnsucht nach Anerkennung und echtem Verständnis aber nicht, sodass der Wunsch nach (virtueller) Zuwendung erneut und vermehrt in der (Chat) Gemeinschaft gesucht wird."

---

[3] Zitiert in Franz Eidenbenz (2002): Online zwischen Faszination und Sucht. *Wiener Zeitschrift für Suchtforschung*, Jg. 25, Nr. 1/2.

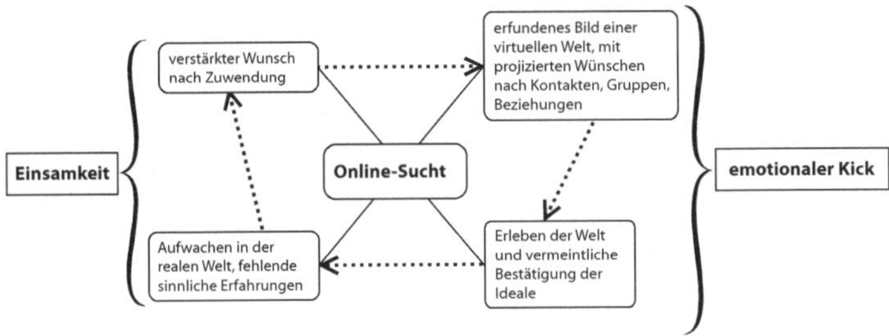

Abb. 6.1 Die Grafik zeigt den Teufelskreis bei der Internetsucht und die Spannung zwischen Einsamkeit und emotionalem Kick.

Was damals noch Chats waren, sind heute Statusmitteilungen zwischen Freunden. Gerade darin liegt eine Gefahr: Musste ich beim Chat online sein und meine Freunde auch, um meine Sucht zu befriedigen, reicht es heute aus, dass ich online bin. Die Kommunikation mit meinen Freunden ist zeitunabhängig geworden. War der Chat an sich und die darin gefundene Befriedigung ein Grund online zu sein, ist es heute das Social Game. Ich bekomme die Suchtbefriedigung wann immer ich möchte oder, wie es Eidenbenz formuliert: „Assoziative Sprünge von einem Link zum nächsten verändern Raum und Zeitdimensionen."

Die österreichische Tageszeitung *Der Standard*[4] berichtete bereits 2009 von chinesischen Bemühungen, der Online-Spielsucht Herr zu werden. In Zukunft müsse jeder Spieler sich mit seinem realen Namen anmelden. „Laut Angaben von Zhang Yijun, Chef der Abteilung für Technologie und Digital Publishing der General Administration of Press and Publication (GAPP), stellt die aktuelle Ankündigung einen

---

[4] http://derstandard.at/1231152321012.

weiteren Schritt Chinas in Richtung der Etablierung eines umfassenden ‚Anti-Abhängigkeits-Systems' für Online-Spiele dar. Um die chinesische Gamer-Community keiner größeren Suchtgefahr auszusetzen, will die GAPP in Zukunft zudem eine stärkere Kontrolle ‚ungesunder Inhalte' in Online-Games durchführen, die von deren Betreibern ohne Erlaubnis eingestellt werden."

Nun wird die chinesische Regierung noch andere Interessen haben als das Wohl des Online-Spielers, aber es zeigt zumindest, dass das Thema weltweit wichtig genommen wird.

So harmlos Farmville aussehen mag, es birgt Suchtpotenzial. Der Blogger Frank Roesch beschreibt in einem Artikel recht anschaulich, welche Faktoren es braucht, um ein Spiel erfolgreich zu machen und den Benutzer so fest wie möglich an das Angebot zu binden[5]:

- Motiviere den Spieler ständig.
- Belohne so oft wie möglich.
- Bestrafe so wenig wie möglich.
- Sorge für einen leichten Zugang.
- Befriedige das Ego des Spielers.
- Nutze ein Social Network.

Nun macht ein Spiel an sich nicht süchtig, sondern es bedarf einer bestimmten Kondition des Spielers. Was soziale Netzwerke dabei so anders macht, ist die niedrige Schwelle. Ich muss kein Spiel mehr starten, mich auf einem Server einloggen und warten, bis ich meine Mitspieler finde. Ich bin mit Facebook permanent online und bekomme ständig

---

[5] http://digitallife.update-leben.de/2009/10/suchtfaktoren-in-farm-ville/.

Mitteilungen über Spielstände und Neuigkeiten. Es baut sich quasi ein permanenter Druck auf, der, auch wenn nicht als solcher empfunden, zumindest eine ständige Präsenz des Suchtmittels darstellt.

Es mag unterschiedliche Spielertypen geben – solche, die besser sein wollen, und solche, die soziale Kontakte suchen, beide aber sind letztlich gefangen in einem Netz, das aus ständig einkommenden Informationen gesponnen wird. Weil soziale Netzwerke so einfach auszubauen sind, sind sie zunehmend der Ort, an dem wir „normale" soziale Kontakte pflegen, Fotos anschauen, uns über den Fortgang der Welt informieren und alles das machen, was ich in den vorhergehenden Abschnitten beschrieben habe. Musste früher der Glücksspieler in eine Kneipe gehen und sich dort an den Automaten setzen (oder ins Kasino), so ist dies heute praktisch von überall aus möglich. Wer süchtig ist, kann sich sogar während der Arbeitszeit seine Dosis holen, ohne dabei großartig aufzufallen (auch wenn manche Arbeitgeber mittlerweile soziale Netzwerke sperren, vor allem weil sie die Nutzung dieser für Zeitverschwendung halten).

Computerspiele-Expertin Dr. Monica Mayer beschreibt das Gefallen an der Spielergemeinschaft und die Motivationen am gemeinsamem Spiel wie folgt[6]:

„Schon der niederländische Historiker Johan Huizinga stellte 1939 fest, dass Spiele die Bildung von Gemeinschaften generell begünstigen. Die Spielgemeinschaft hat allgemein die Neigung, eine dauernde zu werden, auch

---

[6] Monica Alice Mayer (2010): *Warum leben, wenn man stattdessen spielen kann? – Kognition, Motivation und Emotion am Beispiel digitaler Spiele.* Boizenburg: Verlag Werner Hülsbusch.

nachdem das Spiel abgelaufen ist. Nicht jedes Murmelspiel oder jede Bridgepartie führt zur Bildung eines Clubs. Das Gefühl aber, sich gemeinsam in einer Ausnahmestellung zu befinden, zusammen sich von den anderen abzusondern und sich den allgemeinen Normen zu entziehen, behält seinen Zauber über die Dauer des einzelnen Spiels hinaus. Schon kleine Kinder erhöhen den Reiz ihres Spiels dadurch, dass sie eine kleine Heimlichkeit daraus machen."

Die computergemittelte Kommunikation bringt ebenfalls kommunikations- und somit gemeinschaftsfördernde Facetten ein, wie die Anonymität, eine schützende Distanz und eine gewisse Enthemmung. So fallen bei Online-Spielen gleich zwei Aspekte zusammen, die die Gemeinschaftsbildung vereinfachen: die begünstigenden Faktoren des Spiels und die des Internets.

Menschen haben ein natürliches Bedürfnis nach Affiliation, nach dem Zugehörigkeitsgefühl zu einer Gruppe. Die Affiliation findet beim Spielen Befriedigung, z. B. in Form von Anerkennung anderer, aber auch im „Ersatzpartner", den das Spielen darstellt und der ständig verfügbar ist.

Während die gängige Meinung noch vor Kurzem war, dass digitale Spiele Menschen vereinsamen lassen, glaubt man heute immer mehr, dass gerade das Spielen über Internet Menschen auf der ganzen Welt vereinen kann. Beides ist vermutlich der Fall, abhängig von Persönlichkeitstyp und Lebensumständen. In einer zunehmend verstädterten Welt, in der man kaum noch seinen eigenen Nachbarn kennt, hat die Einsamkeit ungeheure Ausmaße angenommen. Jemand, der arbeitsbedingt für kurze Zeit in eine andere

Stadt versetzt wird oder sich generell mit der Kontaktaufnahme mit anderen Personen schwertut, ist beim Online-Spielen mit anderen weniger einsam, als wenn er allein in seiner Wohnung sitzt und fernsieht. Jemand, der eine Familie und Freunde in der Nähe hat, ist eventuell beim Spielen einsamer, doch ist dies vielleicht eine bewusst getroffene Entscheidung, wenn ihm beispielsweise zu viel Kontakt zugemutet wird. Jedenfalls scheint die Einsamkeit oder die Suche nach Kontakt ein Grund zu sein, warum manche Menschen Online-Spiele spielen.

Manchmal beklagen sich andere über die langen spielbedingten „Abwesenheiten" des „Zockers": Freunde, Eltern oder Partner fühlen sich vernachlässigt. Dabei ist das Bedürfnis des Spielers nicht im Mittelpunkt, sondern das des anderen.

Manche Personen haben ein höheres Bedürfnis nach **Affiliation** (Zugehörigkeit), andere benötigen mehr das Gefühl, Dinge gut bewältigen zu können (Kompetenz). Kompetenz kann leichter im Spiel, Affiliation leichter in der menschlichen Beziehung „aufgetankt" werden. Außer Frage steht jedoch, dass menschliche Bedürfnisse – gerade die „psychischen" – in Spielen befriedigt werden können. Die Gefahr besteht darin, wenn die stellvertretende Bedürfnisbefriedigung im Spiel die eigentliche, „reale" Bedürfnisbefriedigung verdrängt.

Digitale Spiele und virtuelle Welten können auch der Bewältigung von Problemen dienen, indem sie beispielsweise eine Situation simulieren, in der gefahrlos (weil folgenfrei) verschiedene Handlungsmöglichkeiten durchgespielt werden können. Andererseits besteht die Gefahr, dass die Be-

wältigung solcher Probleme im virtuellen Raum per se eine
solche Befriedigung verschafft, dass die realen Probleme,
die ja nur stellvertretend gelöst werden, nicht mehr angegangen werden. Dadurch wird die digitale Welt zur Hauptsache, die reale aber zur sekundären Welt degradiert.

7

Blick über den Tellerrand

Soziale Netzwerke sind ein weltweites Phänomen, wie schon am Erfolg von Facebook zu sehen ist. Wir können viel lernen aus amerikanischen Studien, weil dort am meisten geforscht wird. In Deutschland erleben wir die Netzwerke selbst als Mitglieder. Wissen wir deshalb alles über Netzwerke und Freundschaften? Mitnichten. Wie an anderer Stelle erwähnt, sind die Brasilianer ganz verrückt nach dem Google-Netzwerk **Orkut**, einem Dienst, den im deutschsprachigen Raum kaum einer kennt. In Teilen Südostasiens, vor allem in Thailand, ist **Hi5** vor allem bei jungen Menschen überaus populär.

In Nigeria z. B. hat Facebook eine Million Nutzer, unter ihnen auch Präsident Goodluck Jonathan, der etwa 144 000 Fans hat und die Seite als Propagandainstrument nutzt. „Youths of school age have been caught up in the Facebook frenzy and the rate at which Facebook is growing in Nigeria, soon every Nigerian will have a facebook account, even those without computer knowledge", beschreibt Michael Oche[1] in einem Artikel für allAfrica.com die Situation. Über 63 Millionen Nigerianer haben ein Mobiltelefon, viele

---

[1] http://allafrica.com/stories/201010040385.html.

davon auch mit Internetzugang. Vor allem Schüler chatten auf Facebook, was das Zeug hält. Die Schattenseite: Immer weniger Schüler bestehen Mathe- und Englischtests. Auch in Nigeria, so Oche, sind Schüler schon abhängig vom sozialen Online-Netzwerk. Ein Internetcafébesitzer sagt, dass von 30 Kunden täglich 20 Schüler sind, und alle nutzen die meiste Zeit Facebook. Er frage sich, was aus dieser Generation einmal werden solle.

In China spielt Facebook keine Rolle, weil es geblockt wird. Dafür gibt es Klone, wie, **Kaixin001** und **51**. Bei Chinesen ist es durchaus üblich, in mehreren Netzwerken gleichzeitig vertreten zu sein. Unter Studenten ist **Renren.com** wohl am populärsten, es startete auch als fast identische Kopie von Facebook. Mittlerweile kann dort jeder Mitglied werden. Während Renren wohl die meisten aktiven Nutzer hat, ist ein Angebot namens Qzone wohl das mit den meisten Nutzern, vor allem wegen seines populären **Messenger-Dienstes**. Nach Angaben des Chinese Internet Network Information Center haben sich die vier Großen den Markt wie folgt aufgeteilt:

Qzone: 22 Prozent, 388 Millionen Nutzer
Renren: 17 Prozent, 120 Millionen Nutzer
Kaixin001: 12 Prozent, 75 Millionen Nutzer
51.com: 12 Prozent, 160 Millionen Nutzer

Anhand dieser Nutzerzahlen lässt sich schnell erkennen, dass diese vier Dienste allein in China schon mehr Nutzer haben als Facebook weltweit.

Was außerdem interessant ist, ist ein Stadt-Land-Gefälle. Qzone und 51.com sind in den ländlichen Regionen stark

Abb. 7.1   Die vier größten Netzwerke in China.

vertreten, während Renren als Studentennetz und Kaixin als der Ort, an dem sich die Mittelklasse trifft, in den Städten populärer sind. Renren gilt als die Nummer Eins, was Professionalität betrifft. Hier finden sich vor allem die besten Spiele, und Chinesen spielen leidenschaftlich gerne Online Games. Dies ist letztlich auch der Grund, warum sich Herausforderer Kaixin001 noch halten kann: Ganze Bürogebäude werden bisweilen lahmgelegt, wenn die Angestellten sich gegenseitig virtuelle Autos stehlen oder die Ernte in Farmville-Kopien vernichten. Auch wenn sich dies nach Netzwerken außerhalb Chinas anhört, muss man doch wissen, dass es verbotene Inhalte und Zensur gibt. Bestimmte Schlüsselwörter wie „Falun Gong" oder „Tiananmen Square" werden sofort gefunden und der Beitrag wird gesperrt. Renren gilt als besonders strikt hinsichtlich der Umsetzung der chinesischen Internetgesetze, vor allem weil es vermutlich seinen geschäftlichen Erfolg nicht gefährden möchte. Gleichwohl werden politische Nachrichten wie solche über den Nobelpreisträger **Liu Xiaobo** auch über soziale Netzwerke verteilt. Während auf Facebook kaum längere Beiträge geschrieben werden, ist Renren auch eine Art Bloganbieter. Generell ist es in Asien üblich, seine Gefühle und Empfindungen, aber auch seine Gedanken über etwas in Blogs zu äußern (solange es keine verbotenen Inhalte sind). Deshalb sind chinesische Nutzer von sozialen Netzwerken eben nicht nur Spielekonsumenten, sondern auch Textproduzenten. Ich selbst habe das in Vietnam erlebt, das sich in vielem an China orientiert (auch wenn man das offiziell nicht zugeben will). Die Blogplattform **Yahoo360** war dort sehr beliebt, und Nutzer beiderlei Geschlechts schrieben ellenlange Beiträge über ihr Leben, die Auseinandersetzungen mit Freunden, Eltern und Schule. Andere Freunde wiederum kommentierten diese Beiträge. Es gab mir einen sehr guten Einblick in die Befindlichkeit der jungen Generation in Vietnam, die immerhin 60 Prozent der Bevölkerung ausmacht.

Ganz anders sieht es in Afrika aus. Eigene Netzwerke kommen auf den Kontinent nicht so wirklich in die Gänge. Immer wieder gab und gibt es Versuche, in Afrika eigene soziale Online-Netzwerke zu etablieren, aber meistens scheitern sie recht früh. Gründe dafür sind: Es gibt nicht *ein* Afrika, sondern viele Länder und noch mehr Stämme und Sprachen, immer noch geringe Internetpenetration, zu kleine Märkte und die Dominanz der bestehenden Anbieter wie Facebook und Twitter. Vor allem seit Facebook eine Version in Swahili hat, scheint es noch populärer zu werden.

Eine im Oktober 2010 veröffentlichte TNS Digital Life-Studie zeigt, dass soziale Netzwerke in Ländern, die wir so gar nicht auf dem Radar haben, auch unterschiedliche kulturelle Eigenschaften haben. In Malaysia haben die Nutzer die meisten Freunde (233 im Durchschnitt), gefolgt von Brasilianern mit 231 Freunden. Japaner haben durchschnittlich nur 29 Freunde und sind damit am unteren Ende der Skala. Auch die Chinesen scheinen bezüglich der Freunde nicht auf Masse zu setzen: Mit 68 Freunden scheinen sie wohl engere Freundschaften zu bevorzugen. Malaysia hat mit neun Stunden Nutzungszeit pro Woche auch die aktivsten Netzwerknutzer, gefolgt von der Türkei mit 7,7 Stunden. Besonders aktiv in sozialen Online-Netzwerken sind die Philippiner. Einer Untersuchung von ComScore zufolge stellen sie die fünftgrößte Commuity, wenn es um solche Netzwerke geht. Und der durchschnittliche Philippiner verbringt 6,2 Stunden pro Woche bei seinen virtuellen Freunden, während der weltweite Durchschnitt nur bei 4,5 Stunden liegt. Dabei sind aber noch nicht einmal Internetcafés und Mobiltelefone mit eingeschlossen, die Zahl dürfte also noch höher liegen.

Wie viele Informationen soziale Netzwerke auch über Befindlichkeiten in bestimmten Ländern geben können, haben jüngst Jonathan Schanzer and Mark Dubowitz vorgestellt. Die beiden schrieben einen Bericht für die Foundation for Defence of Democracies über die politische Befindlichkeit von palästinensischen Nutzern von Social-Media-Angeboten. 10 000 Beiträge wurden untersucht, von denen knapp 1 000 politische Statements enthielten. Auch wenn diskutiert werden kann, ob soziale Medien repräsentativ sind, die Menge der Beiträge war zumindest statistisch signifikant. So kam heraus, dass selbst die **Fatah**, die eigentlich Friedensgespräche befürwortet, gespalten ist, was die Anwendung von Gewalt angeht. Die Chance der Reformer, einen Frieden mit Israel durchzusetzen, scheint gering. Die Studie hat den Titel „P@lestinian Pulse. What Policymakers Can Learn From Palestinian Social Media" und versucht, eben einen Puls zu fühlen, nicht absolute Antworten zu geben. Dabei ist auch zu beachten, dass die Zahlen über Internetzugänge in Palästina zwischen 50 und vier Prozent der Bevölkerung schwanken. Nimmt man aber die vielen Internetcafés als Anhaltspunkt, so kann man davon ausgehen, dass der tatsächliche Internetzugang höher ist als die vier Prozent, die Anschlüsse in Haushalten darstellen. Während es zwar Diskussionen gibt, sind diese meist anonym geführt. Weil **Hamas** immer größeren Druck macht, dass religiöse Regeln eingehalten werden, haben nur wenige Internetnutzer in Palästina einen Facebook- oder Twitter-Account. In der Regel werden die anonymen Foren bevorzugt.

Südkorea erlebt einen Boom von Unternehmen, die in sozialen Online-Netzwerken aktiv sind. Dabei geht es vor allem um den direkten Verkauf: Aktionen wie die von Mutnam, die Männerkleidung herstellen und per Twitter aufgerufen haben, ein bestimmtes Produkt zu wählen, das dann mit 60 Prozent Rabatt verkauft wird – und innerhalb von zehn Minuten ausverkauft ist –, machen Schlagzeilen. SK Communications, die die Plattform Cyworld betreiben, haben angekündigt, Social Commerce den 25 Millionen Mitgliedern noch näher zu bringen. Und auch die Nummer 2, Daum, setzt auf Netzwerke als Verkaufsplattformen und Marktingkanäle.

Ausblick

Ich habe in diesem Buch versucht, möglichst viele Facetten der sozialen Netzwerke darzustellen und außerdem, wie diese jeweils unsere Beziehungen verändern. Sei es der Freundschaftsbegriff ganz allgemein, der vielleicht einer Neubestimmung bedarf, oder die Digitalisierung von Beziehungen, die nur mit einem **Relationship-Management** bewerkstelligt werden kann (ich gebrauche ganz bewusst einen englischen Begriff, weil er das technisch-moderne Element besser darstellt). Wir werden die Uhr nicht zurückdrehen können – das wäre auch fatal. Das Internet ist die wohl bedeutendste Erfindung des ausgehenden 20. Jahrhunderts und mit Elektrizität und dem Auto gleichzustellen. Soziale Netzwerke entwickeln sich zu einer neuen Darstellungsform des Internets und machen jetzt schon manchen klassischen Webseiten Konkurrenz. Immer mehr Firmen verlagern Webseiten dorthin, wo die Nutzer sind: in die sozialen Netzwerke. Es gibt bereits Fluggesellschaften, die Buchungsformulare in Facebook integriert haben. Es wird sich zeigen, ob auch Amazon und Co. diesen Schritt gehen.

Haben wir die Kontrolle über unseren Social Graph längst verloren?

Ich denke, Facebook hat uns mit seinen Fehlern hinsichtlich der Privatsphäre einen Gefallen getan. Nur so konnte eine Diskussion gestartet werden, die eigentlich längst überfällig war. Facebook-Chef Mark Zuckerberg mag seine eigene Auffassung von Privatsphäre haben, aber er ist vor allem ein Geschäftsmann und von seinen Mitgliedern abhängig. Deswegen muss er auf deren Bedenken hören. Eine Maßnahme waren feinere Einstellungen, wer was sehen darf. Jetzt kann man sogar sein komplettes Profil und alle seine Daten herunterladen und auf seiner eigenen Festplatte speichern. Zuckerberg fragte in einem Interview, ob man nicht auch die Daten von Freunden herunterladen sollte, schließlich könne man diese ja auch sehen. Eine interessante Frage. In der Musik- und Buchindustrie haben die Verlage oft argumentiert, man besitze gar nicht die CD und das Buch selbst, sondern habe nur eine Art Genehmigung zur Benutzung (Hören, Anschauen oder Lesen). Daraus lasse sich kein Vervielfältigungsrecht ableiten. Dies wiederum empörte Kunden, schließlich habe man eine CD gekauft wie früher eine Schallplatte, und deshalb könne man diese auch verleihen oder eine Kopie machen. Können wir nun dasselbe mit den Daten unserer Freunde machen?

Es geht hier nicht so sehr um eine rechtliche Diskussion, sondern um die Frage, was Daten sind und wie wir sie behandeln. Haben wir vor dem Internet schon Daten über unsere Freunde erstellt? Ja. Wir hatten ihre Telefonnummern und Adressen, wussten ihren Geburtstag, und wer besonders eifrig war, hat sich außerdem ihre Lieblingsblumen oder Geschäftsinteressen aufgeschrieben. Wir haben diese Daten später auch in den Computer eingegeben, um sie parat zu haben (erinnern Sie sich noch an „Taschencomputer" wie den Palm?). Aber wir haben sie zum einen nicht öffentlich gemacht und sie gehörten zum anderen uns. Sie waren dezentralisiert. Und überschaubar: Es waren Basisdaten und kein Soziogramm.

Die meisten Studien zeigen, dass wir sehr wohl ein Bewusstsein entwickelt haben, was Daten sind und wie man damit umgeht. Wir lernen aber gerade erst, mit öffentlichen Daten umzugehen, und dieser Prozess wird noch ein wenig andauern. Ich glaube fest daran, dass wir unsere Profile zurzeit nur deshalb „verleihen", weil es keine andere Möglichkeit gibt. In den Anfangstagen des Internets spielte sich Selbiges fast ausschließlich bei Compuserve und AOL ab. Beide waren geschlossene Systeme wie Facebook und genau das wurde später ihr Problem. Ein paar Studenten in Amerika basteln schon an **Diaspora**, einer Art Facebook mit dezentraler Datenstruktur. Statt auf einem Server des Unternehmens lagern die Daten auf der Festplatte eines jeden Benutzers.

Eines müssen wir dabei aber wissen: Was einmal im Internet veröffentlicht ist, kann nicht mehr gelöscht werden. Mit der **Wayback-Machine** lassen sich z. B. Webseiten aufrufen, die längst nicht mehr existieren. Es ist eine Art Archiv des Internets, unabhängig und für jedermann zugänglich. Solange wir also selbstverantwortlich mit unseren Daten umgehen, haben wir sie auch nicht verloren.

Größere Sorgen als die Selbstbestimmung über Daten machen mir allerdings derzeit staatliche Bestrebungen. Politiker wie Verbraucherministerin Ilse Aigner oder zuvor Ursula von der Leyen scheinen uns Bürgern die Fähigkeit abzusprechen, selbstverantwortlich zu handeln. Natürlich braucht es staatliche Regelungen, nur, wie weit dürfen sie gehen? In Deutschland herrschen schon jetzt die strengsten Gesetze, mit der **Vorratsdatenspeicherung** hat der Staat sechs Monate lang Zugriff auf unsere E-Mails. Der Anti-Terrorwahn nach dem 11. September hat unsere Welt weniger frei gemacht. Wenn westliche Regierungen bestimmte Internetseiten löschen wollen, aber dies im gleichen Atemzug anderen vorhalten, schrillen bei mir Alarmglocken. Was heute noch gegen Kinderpornografie gerichtet ist, ist morgen angebliche Musikpiraterie und übermorgen sind es politische Inhalte. Ein Beispiel gefällig? Nehmen wir an, Sie schreiben in Ihren Facebook-Status, Sie hätten in die neue Rolling-Stones-CD reingehört, aber sie gefalle Ihnen nicht. Unverfänglich? Eine immer neurotischer werdende Musikindustrie sieht hier einen Anfangsverdacht: Wo und wie haben Sie reingehört? Haben Sie eine illegale Kopie aus einem Peer-to-Peer-Netzwerk gezogen? Und woher weiß die Musikindustrie davon, haben Sie doch den Sony-Chef gar nicht als Freund – weil Gesetze eben so weit gehen könnten, dass im Auftrag der Rechteinhaber Datenbanken nach bestimmen Stichwörtern gefiltert werden. Wenn Sie heute ein Unternehmen öffentlich kritisieren, kann es sein, dass sie eine Unterlassungserklärung bekommen, auch wenn Sie vollkommen im Recht sind. Es kommen zumindest Anwaltskosten auf Sie zu, ohne dass irgendein Gericht den Fall untersucht hat. Der Staat spielt bei dieser De-facto-Einschränkung der freien Meinungsäußerung mit, dem Abmahnwahn ist noch immer kein Riegel vorgeschoben worden.

Wie weit können wir dem Staat also noch vertrauen? Spielen Machtinteressen der politischen Parteien nicht eine größere Rolle als das Gemeinwohl? Und will nicht, wer Macht behalten will, vor allem kontrollieren? Schon heute können auch die chinesischen Machthaber nicht wirklich den Fluss von Informationen verhindern, lediglich verlangsamen und unter Strafe stellen. Sie wissen aber genau, dass es eine Frage der Zeit ist, wann die virtuellen Dämme brechen. In Burma z. B. ist Internet längst kein Teufelszeug mehr, sondern ein Geschäftsmodell. Man mag es noch mit hohen Installationskosten von der Mehrheit der Bevölkerung fernhalten, aber wenn ich meine Freunde dort per Skype anrufe, kann ich sehr wohl Informationen austauschen (auch wenn diese eventuell abgehört werden; dann startet das Katz-und-Maus-Spiel mit verschlüsselten Botschaften).

Soziale Online-Netzwerke können keine Regierungen stürzen. Die DDR fiel wunderbar ohne studiVZ in sich zusammen. Sie sind weniger eine Gefahr für Diktatoren (deren Zeit ohnehin irgendwann abläuft) als für Regierungen freier Gesellschaften. Die Frage, wie weit der Staat in unsere Kommunikation eingreifen darf, muss irgendwann beantwortet werden, und am besten zugunsten der Bürger. Argumente wie Schutz vor Terrorismus und Kinderpornografie sind dabei lächerlich. Man hat früher auch nicht jedes Paket geöffnet, nur weil darin eine Bombenanleitung oder ein Pornofilm enthalten sein konnten. Aber Bedrohungsszenarien sind nun einmal etwas, mit dem man als Machthaber gleich welcher Art zumindest eine Weile eine gewisse Akzeptanz für sein Tun bekommt. Der Staat hat Regelungen zu treffen, die unsere Freiheit auch in sozialen Netzwerken garantieren, nicht solche, die unsere Freiheit einschränken.[2]

---

[2] Eine Anekdote am Rande: In Vietnam hat die Regierung tatsächlich geglaubt, ihre Bürger würden sich freuen, in einem staatlichen Netzwerk namens go.vn aktiv zu sein, bei dem man sich mit seiner Personalausweisnummer registrieren muss. Kein Wunder, dass sich dort nur registriert, wer wegen Parteizugehörigeit muss.

Eine bessere Welt dank Vernetzung und sozialen Netzwerken?

Hat sich die Welt verändert, seit es soziale Netzwerke gibt? Nein. Auch wenn es knapp über eine Milliarde Nutzer sind, so sind es noch lange nicht eine Milliarde Menschen, weil manche sich in mehreren Netzwerken anmelden. Und selbst wenn, bleiben noch fünf Milliarden Menschen übrig, die diese nicht nutzen. Große Teile Afrikas sind noch offline, Gleiches gilt für Asien und Russland. Nutzer von sozialen Netzwerken sind in Schwellen- und Entwicklungsländern fast ausschließlich Stadtmenschen, eine entstehende Mittelklasse, die noch immer einen kleinen Teil der Bevölkerung darstellt. Weltweit gibt es zwar ein Wachstum, was Telekommunikation betrifft, aber eben in manchen Ländern noch auf einem geringen absoluten Niveau. Was diesen Ländern allerdings technologisch zugute kommt, ist die hohe Nutzungsrate von Mobiltelefonen. In Asien gibt es immer weniger Festanschlüsse. Mobile Internetnutzung z. B. in Kambodscha ist mit der Einführung von UMTS rasant angestiegen, sieben Telekom-Firmen tummeln sich dort auf einem kleinen Markt.

Hat sich unsere kleine Welt in Deutschland verändert? Nein. Technologie kann selten die Welt verändern, meist sind es Menschen, die das tun. Die Dampfmaschine und das Auto haben sicherlich die Welt verändert, das Internet verändert vor allem die Kommunikation der Menschen. Und damit verändern sich auch unsere Beziehungen. Ich habe bewusst immer wieder Beispiele angeführt, wie es früher war, um aufzuzeigen, in welchen Bereichen wir signifikante

Veränderungen erfahren und wo wir es eigentlich nur mit digitalen Versionen unseres Verhaltens zu tun haben. Noch verbringen Menschen die meiste Zeit mit Menschen, nicht mit Computern. Rechner sind kein Selbstzweck, sie sollen uns Dinge einfacher machen. Insofern hat sich meine Welt ein klein wenig doch verändert, weil ich dank der Technologie mehr Zeit für andere Dinge habe. Ich kann effektiver arbeiten und Zeit sparen für meine Familie, meine Hobbys, meine Bücher oder anderes. Allerdings fressen gerade soziale Netzwerke einen Teil dieser Zeit auch wieder auf, vor allem wenn man, wie oben beschrieben, nicht davon lassen kann. Kommunikation war schon immer auch verführerisch. Das Schwätzchen in der Kaffeeküche, das dann doch länger ist als geplant, eine Unterhaltung am Kopierer, ein wenig Tratsch beim Bäcker: Letztlich ist das doch das Salz in der Suppe des Lebens. Was wären wir, wenn wir uns nicht ein wenig ablenken ließen?

Soziale Netzwerke bringen uns diese Ablenkung vielleicht ein wenig zurück. In den großen Städten fehlt bisweilen die Kommunikation, der Bäcker ist ein Automat im Supermarkt, der Kopierer dem papierlosen Büro gewichen und die Kaffeeküche in die Kantine integriert. Veränderte Familienstrukturen mit beiden arbeitenden Eltern erfordern ein neues Zeitmanagement, bei dem beide Elternteile Aufgaben aufteilen, dabei aber auch Zeit verlieren, nämlich solche für Müßiggang. Der Schwatz auf der Straße wird durch den Chat ersetzt. Ich sehe meine Frau und mich abends mit unserem iPad auf dem Sofa sitzen, nachdem die Haushaltsarbeit beendet ist: Zeit, sich um unsere Beziehungen im Internet zu kümmern.

Weiter oben habe ich beschrieben, wie kranke und ältere Menschen von sozialen Netzwerken profitieren können. Für sie kann sich die Welt ebenfalls ändern. Wer alleine ist, findet in Foren und Gruppen Gehör und Ansprache. Mit sozialen Netzwerken wird dies noch persönlicher und kann damit gerade die psychische Kondition von Menschen verbessern. Eine **virtuelle Selbsthilfegruppe** ist besser als gar keine. Meine Großmutter bedauert, dass sie zu alt sei, um noch mit einem Computer umzugehen (sie ist 92). Es wäre sicherlich eine Bereicherung für sie, ihren Enkel in Videokonferenzen zu sehen oder meine Status-Updates zu lesen. Dass Facebook vor allem bei den älteren Nutzern zulegt, ist also kein Wunder. Wo die Großfamilie aufhört, fängt die virtuelle Gemeinschaft an. Das kann aber auch ein Vorteil sein. Denn die Großfamilie ist letztlich auch eine Zweckgemeinschaft, die das ökonomische Überleben sichert. Sie bindet vor allem eine Menge soziales Kapital. Tanten kümmern sich um Enkel, Enkel pflegen Großeltern, entfernte reiche Verwandte versorgen andere mit Geld und Arbeit. In Asien funktionieren Familienverbände fast ausschließlich aufgrund des sozialen Kapitals. Wer Geld hat, versorgt die anderen. Wer keines hat, übernimmt andere Aufgaben wie Pflege, Haushalt, Kinder bekommen. Unsere modernen sozialen Sicherungssysteme versuchen einiges davon aufzufangen, aber wir wissen selbst, wie es ist, krank alleine zu Hause zu liegen. Soziale Netzwerke können das Gefühl von Einsamkeit zumindest etwas verringern. Wer im sozialen Netzwerk schreibt, er sei krank, wird nicht nur Besserungswünsche bekommen (was alleine schon zur Heilung beitragen kann), sondern sicherlich auch die Frage, ob man vorbeikommen oder etwas besorgen soll. Bislang musste man entweder seine Freunde anrufen oder warten, bis diese sich meldeten. Sicher, das funktionierte auch. Aber mit Online-Netzwerken dürfte es schlicht einfacher sein.

Was kommt nach studiVZ und Facebook?

Natürlich kann ich nicht hellsehen und will es auch gar nicht. Deswegen möchte ich am Ende des Buches, nach so vielen Studien und Fakten, ein wenig „herumspinnen". Ich habe 2004 einen Artikel für die *Frankfurter Neue Presse* mit dem Titel „Virtuelle Zettel führen durch London" geschrieben. Darin beschrieb ich ein Projekt namens „Urban Tapestries", das 2002 in England von der London School of Economics gestartet wurde. Dabei ging es um eine virtuelle Ebene einer Stadt, die mittels Geocodierung und Mobiltelefon sichtbar wird. Wer vor einem historischen Gebäude steht, bekommt dessen Geschichte angezeigt, wer vor oder in einem Pub steht, sieht Nachrichten von Freunden („Komme später"), wer sich in der Nähe eines Einkaufszentrums befindet, kann Sonderangebote lesen. Das Besondere dieses Projekts war, dass man sich quasi unendlich viele Ebenen denken konnte. Gemein war allen, dass sie sich an einem Ort festmachten bzw. an seinen Koordinaten.

Heute bieten Dienste wie Foursquare oder Qype schon einen Teil solcher Daten. Facebook steigt mit Places in diesen Markt ein. **Augmented Reality** projiziert bereits lokalisierte Daten ins Kamerabild unseres Telefons. Die zum Springer-Konzern gehörende Online-Firma immonet.de hat gerade eine iPhone-Applikation auf den Markt gebracht, die ins Kamerabild nahe gelegene Immobilienangebote einblendet.

Ich wage die These, dass die Zukunft in der Integration von lokalen Diensten mit sozialen Online-Netzwerken liegt, und zwar auf mobilen Endgeräten. Das können Telefone sein, zunehmend aber werden diese abgelöst durch Tablets wie iPad oder das Samsung Galaxy. Wir telefonieren schon heute kaum noch, sondern nutzen eigentlich nur die Übertragungstechnik des Geräts für SMS und Internet.

Eingebaute Kameras in Verbindung mit UMTS-Netzen könnten die Videotelefonie wiederbeleben. Wusste ich früher nicht, ob der Gesprächspartner Video hat oder nicht, zeigt mir das in Zukunft ein kleines Symbol neben dem Namen an.

Die Zukunft des Internets ist Multimedia, aber im sozialen Kontext. Wir be-schreiben nicht mehr, sondern zeigen unsere Welt. Das soziale Online-Netzwerk bildet zunächst den Rahmen, in dem wir kommunizieren. Der virtuelle Sozialraum gewinnt wieder an Bedeutung, nachdem sich viele im World Wide Web verloren fühlten. Die sozialen Online-Netzwerke bieten einen Anker, einen Ort, an den wir immer wieder zurückkehren können von unseren Ausflügen.

Mit den neuen Tablet-Computern wird es komfortabler als mit einem Mobiltelefon, Inhalte aus dem Internet zu lesen, Videos anzuschauen oder Nachrichten zu schreiben. Dank Mikro-Sim ist man immer online, dank Mikrofon und Kopfhörer kann (video-)telefoniert werden. Wir werden mehr Menschen sehen, die in das Gerät sprechen, während sie gleichzeitig eine Tabelle oder ein Dokument aufrufen. Es ist der ultimative Computer, wie wir ihn aus

Science-Fiction-Filmen kennen. Wir wechseln geschwind von Word zu Facebook, zu Skype, zum Spiel, zum Fotoalbum. Die sozialen Netzwerke werden dabei, so sie eigene Applikationen bereithalten, eine große Rolle spielen. Bislang hält sich Facebook noch zurück, die iPhone-Software ist hinsichtlich des Leistungsumfangs sehr bescheiden. Wer alle Funktionen will, muss auf die Webseite zurückgreifen. Fraglich ist, ob browserbasierte Anwendungen sich gegen Apps für mobile Endgeräte durchsetzen oder zumindest mithalten können. Die zunehmende Mobilität spricht eher für eigene Programme, die vielen Betriebssysteme wie Android, Symbian, iOS sprechen dagegen.

Da wir mit unseren UMTS-Flatrates „always online" sind, besteht die Gefahr, den Ausschaltknopf zu vergessen. Die ständige Verfügbarkeit und Push-Alarme, die einen Ton senden, wenn eine neue Nachricht eingetroffen ist, können uns abhängig machen – oder schlicht **Kommunikationsstress** verursachen. Wenn die sozialen Netzwerke mehr Dienste wie Augmented-Reality-Angebote, lokale Daten und Videokommunikation einbinden, so steht ihnen eine große Zukunft offen. Es wird uns kaum mehr bewusst sein, dass wir uns in einem sozialen Netzwerk befinden, weil dieses zu unserem virtuellen Sozialraum erwächst. Das bedarf noch neuer Interfaces und Programmgestaltungen und sicher noch leistungsfähigerer Prozessoren. Aber irgendwann werden wir auf unserem Tablet-PC links oben die Zahl eingegangener Nachrichten sehen, rechts oben einen kleinen Newsticker, links unten das Videotelefonfenster und rechts unten das Telefonbuch. Den Rest des Bildschirms füllt das soziale Netzwerk, mit weiteren Buttons für Funktionen wie Status-Updates, Fotos und Apps.

Irgendwo wird dann auch noch die Funktion „Internet“ sein, für diejenigen, die noch mit HTML geschriebene Seiten aufrufen wollen.

Der rasante Fortschritt in Schwellen- und Entwicklungsländern macht Märkte größer, als es selbst Apple und Co. glauben wollen. In Thailand kann man ein iPad an fast jeder Straßenecke kaufen, in Laos wird mit dem iPhone telefoniert, und Bekannte aus Burma haben sich ein Galaxy Tablet bestellt. Das erreicht sicher nicht das Gros der Bevölkerung, aber Fortschritt kommt aus den Städten. Und deshalb geschehen Paradigmenwechsel so rasch: Die jeweils neueste und beste Technologie wird sofort adaptiert und implementiert. Dies wird auch eine etwaige neue Generation von Social Networks betreffen. Ist einmal eine kritische Masse erreicht, werden solche Angebote zum Selbstläufer. Natürlich wird es immer schwieriger, diese Masse quantitativ zu erreichen. Aber andererseits sind die Wege, viele Menschen zu erreichen, auch immer mehr geworden.

Unsere Beziehungen sind längst virtueller geworden, als wir das glauben. Allein der Wechsel vom Brief zur E-Mail zeigt, wie Muße der Schnelligkeit weicht. Ein Brief stellt nun mal eine andere Kommunikation dar als eine E-Mail. Ob besser oder schlechter, sei dahingestellt.

Dieses Buch soll aufzeigen, welche Implikationen die neue digitale Freundschaft hat, und ein wenig Bewusstsein schaffen, was alles in einer digitalen Beziehung verborgen ist: vom Heilungsaspekt über eine Nachricht bis zur digitalen Währung.

Sie finden mich bei Facebook unter http://www.facebook.com/thomaswanhoff. Erwarten Sie aber nicht, dass ich Sie als Freund akzeptiere, nur weil Sie ein Leser dieses Buches sind. Ich hoffe, Sie haben dafür Verständnis. Weitere Informationen zum Buch finden Sie auf der Facebook-Seite www.facebook.com/ware.freunde. Unter http://www.twitter.com/thomaswanhoff oder unter www.twitter.com/wahre_freunde können Sie mir aber virtuell folgen und auch Fragen zum Buch stellen.